750kV电网新设备启动调试案例分析

牛拴保　主编

中国电力出版社
CHINA ELECTRIC POWER PRESS

内 容 提 要

为确保新投运发输变电工程优质、高效投产，设备性能及接线方式满足电网运行要求，国家电网有限公司西北分部基于多年 750kV 电网新设备启动调试工作实践经验编写了本书，本书总结了新设备启动工作中原则要点及重点工程案例，系统地阐述了电网发输变电工程新（改、扩）建设备投产的技术和管理问题，对后续新设备启动投产工作具有一定的参考及指导意义。

本书可供电力系统工程师、电气工程设计人员、新设备启动调试工作的管理及技术人员使用，也可作为电气工程专业师生的参考用书。

图书在版编目（CIP）数据

750kV 电网新设备启动调试案例分析 / 牛拴保主编. —北京：中国电力出版社，2021.9
ISBN 978-7-5198-5984-8

Ⅰ. ①7… Ⅱ. ①牛… Ⅲ. ①电网–电力设备–调试方法–案例 Ⅳ. ①TM4

中国版本图书馆 CIP 数据核字（2021）第 189052 号

出版发行：中国电力出版社
地　　址：北京市东城区北京站西街 19 号（邮政编码 100005）
网　　址：http://www.cepp.sgcc.com.cn
责任编辑：高　芬（010-63412717）
责任校对：黄　蓓　朱丽芳
装帧设计：张俊霞
责任印制：石　雷

印　　刷：三河市万龙印装有限公司
版　　次：2021 年 9 月第一版
印　　次：2021 年 9 月北京第一次印刷
开　　本：710 毫米×1000 毫米　16 开本
印　　张：8.75
字　　数：133 千字
印　　数：0001—1000 册
定　　价：65.00 元

编 委 会

主　　编　牛拴保

副 主 编　张振宇　柯贤波　王开科

编写人员　任　冲　孙谊媊　程　林　孙　冰　李　山

霍　超　王吉利　王康平　樊国伟　魏　伟

魏　平　张　钢　卫　琳　刘克权　任龙飞

董雪涛　祁晓笑　徐　志

前　言

随着电网快速跨越式发展，新投运发输变电工程启动投运工作日益增多，为确保发输变电基建工程优质、高效投产，同时也为后续的基建工程新设备启动工作提供借鉴参考，有必要对近些年发输变电工程的新设备投产工作进行全面梳理分析，总结新设备启动工作中原则要点及重点工程案例实践。为此，国家电网有限公司西北分部基于多年来在 750kV 超高压交流电网基建工程及特高压直流工程交流系统新设备投产的工作实践经验，组织相关人员撰写了《750kV 电网新设备启动调试案例分析》，系统地阐述了电网发输变电工程新（改、扩）建设备投产的技术和管理问题，以期对后续新设备启动投产工作有一定指导意义。

本书共分 6 章，第 1 章由任冲、孙谊媊、程林编写，主要对西北电网新（改、扩）建设备启动相关规定及原则要点做了详细的说明。第 2 章由孙冰、李山、霍超编写，详细介绍新（改、扩）建发输变电工程应开展的相关计算分析内容。第 3 章由王吉利、王康平、樊国伟编写，对特高压直流送端交流系统启动案例进行详细分析。第 4 章由魏伟、魏平、张钢编写，对新建 750kV 输变电工程的启动案例进行详细分析。第 5 章由卫琳、刘克权、任龙飞编写，对运行设备大修、更换后的启动案例进行详细分析。第 6 章由董雪涛、祁晓笑、徐志编写，对新建电厂发变组启动案例进行详细分析。编后记由任冲编写，总结了全书并提炼出 750kV 发输变电工程新（改、扩）建设备启动的精髓。张振宇负责第 1 章、第 2 章的统稿与审定，柯贤波负责第 3 章、第 4 章的统稿与审定，王开科负责第 5 章、第 6 章和编后记的统稿与审定，牛拴保负责全书的统稿与审定工作。通过本著作读者将能够系统地了解发输变电工程，特别是超高压输变电工程新设备启动工作的管理经验和技术要求，能够便捷地应用这些管理经验和技术手段指导电网新设备启动投产工作。希望本著作能够对广大电力系统工程师、电气工程设计人员和电气工程专业的师生在相关领域的理论学习和工程实践提供一定的参考。

本著作在写作过程中得到了包括国网新疆电力有限公司、国网甘肃省电力公司、国网宁夏电力有限公司、国网陕西省电力公司及国网青海省电力公司等单位的大力支持，也得到了业界众多专家、学者们的帮助和支持，在此一并表示感谢。

最后，还要感谢书中引注和未曾引注的所有参考文献作者的辛勤工作，感谢中国电力出版社的高芬等编辑同志为本书出版所付出的辛勤劳动！

《750kV电网新设备启动调试案例分析》一书有待于进一步的提高和完善，囿于作者的知识水平和经验，书中观点和结论难免有瑕疵，恳请读者不吝指正！

作　者

2020年10月

目　录

前言

1　新（扩、改）建设备启动工作说明……1

1.1　新（扩、改）建设备启动工作的必要性……1

1.2　新（扩、改）建设备启动相关规定及原则要点……2

1.3　750kV 输变电工程系统启动调试流程……10

2　新（扩、改）建设备启动理论计算分析……16

2.1　新（扩、改）建设备启动理论计算分析必要性……16

2.2　新（扩、改）建设备启动理论计算分析内容……17

3　特高压直流送端交流系统启动案例……57

3.1　特高压 JQ 直流送端交流系统新设备启动……59

3.2　特高压 ZHAOYI 直流送端交流系统新设备启动……64

3.3　特高压 TIANZHONG 直流送端交流系统新设备启动……68

3.4　特高压 TIANSHAN 换流站扩建工程新设备启动……72

4　新建 750kV 输变电工程的启动案例……76

4.1　750kV WB－TLF－HM 输变电工程启动送电……76

4.2　750kV WB－WJQ－TC 输变电工程启动送电……85

4.3　750kV XZ 变电站接入系统启动工程……87

4.4　750kV YZ 变电站接入系统启动工程……92

4.5 750kV KC 变电站接入系统启动工程……95
4.6 750kV AKS 变电站接入系统启动工程……97
4.7 750kV SC 变电站接入系统启动工程……99
4.8 750kV HT 变电站接入系统启动工程……102

5 运行设备大修、更换后的启动案例……106
5.1 750kV WCW 变电站全站合并单元改造后启动……106
5.2 750kV JQ 变电站 2 号主变压器 C 相更换后启动……110
5.3 750kV TLF – TS 输变电工程启动送电……112

6 新建电厂发变组启动案例……118
6.1 XY 电厂倒送电工程……118
6.2 GH 电厂倒送电工程……121
6.3 YD 电厂倒送电工程……125
6.4 HL 电厂改接与 JM 电厂接入 CHANGJI 换流站输电工程……128

编后记……132

新（扩、改）建设备启动工作说明

1.1 新（扩、改）建设备启动工作的必要性

由于新（扩、改）建设备未经带电验证，为确保设备性能满足要求及接线正确性，需根据系统及新投产设备情况制定专门的新设备启动调度方案，安排启动工作。在启动工作开展过程中，由于设计缺陷、接线错误、设备质量、人员业务水平等问题，设备跳闸、设备运行状态异常、监控系统错误等情况时有发生，对新设备顺利投产和电网安全稳定带来隐患。

近年来，随着电网快速发展，新（改、扩）建工程投产工作较为密集，陆续完成了特高压吉泉、昭沂直流送端交流系统接入工程及日月山－海西－柴达木线路串补、祁连换流站调相机、乌北－五家渠－塔城、吐鲁番－哈密线路改接、塔拉－香加、榆横－夏州、黄河－杞山－贺兰山、大坝电厂四期送出、清水川电厂二期送出、信友电厂送出、雅丹电厂送出、古海电厂送出等20余项重点750kV发输变电工程启动投产工作，以上工程的投产为特高压吉泉、昭沂直流新设备启动奠定了基础，也进一步加强了网架结构、缓解了局部地区新能源消纳压力。上述工程启动过程中遇到了诸多因设计缺陷、安装接线不当、设备质量等问题造成的新设备启动受阻情况，有必要针对出现的问题进行归纳总结，为后续新设备投运工作顺利开展提供指导和参考。

1.2 新（扩、改）建设备启动相关规定及原则要点

新（扩、改）建设备主要指将要并入电网运行的发电机组、变压器、母线、输电线路、断路器、电抗（容）器、电流互感器、电压互感器等电气设备及相应的二次设备和发电机励磁、调速控制系统等涉网设备的更换、改造及发电机、变压器、断路器等设备的增容等。新设备主要分类如图 1－1 所示，因设备经未经带电测试或经过改造、改建，一、二次接线需通过充电、核相、带负荷测试进行带电验证，应按新设备投产程序接入系统。输变电设备接入电网系统运行前须根据启动方案进行启动验证，启动方案是否正确、完备，是否合理、科学等，将直接影响电网的安全运行及启动方案顺利执行。

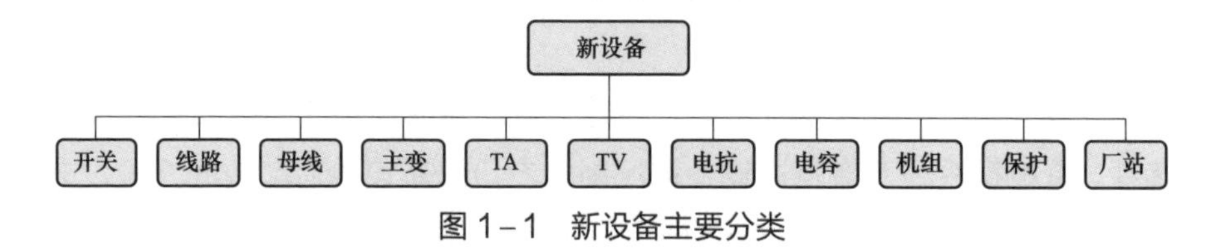

图 1－1　新设备主要分类

新（扩、改）建设备启动（简称新设备启动）工作的主要依据包括《110kV 及以上送变电工程启动及竣工验收规程》（DL/T 782—2001）、《火力发电建设工程启动试运及验收规程》（DL/T 5437—2009）以及《西北电网新（扩、改）建设备启动管理规定》（西北电网〔2015〕77 号）、《西北电网调度控制管理规程细则》、《西北电网网源协调管理规定》等相关规定。

1.2.1 新设备启动注意事项

在工程启动前的规定时间内，新设备主管单位或运行维护单位应向调度提供正式的工程启动申请及启动方案。新设备启动应严格按照批准的调度实施方案执行，在实施过程中还应注意关注以下问题：① 新设备启动前，应严格按启动方案报送相关设备运行资料（包括设备参数、耐压、载流能力等），并汇报启动前设备运行方式；② 新设备启动过程中，新设备启动系统继电保护应有足够的灵敏度，允许失去选择性，严禁无继电保护运行；③ 新设备启动过

程中，相关继电保护包括开关过电流保护、过电压保护和母联充电保护等，相关继电保护功能应根据系统运行方式做相应调整；④ 遇特殊情况限制，应及时协调制定无法按启动方案执行时的处理措施以及需对调度实施方案进行变动时的处理措施。新设备启动过程中，客观上存在一定风险，有关发、供电单位及各级调度部门必须做好事故预想。

1.2.2 新设备启动方案编写要点

编写新设备启动方案时，应综合考虑电网情况、新投产设备类型及新设备启动的各项要求，在尽量降低对电网可靠性影响的基础上编写启动方案，完成各项启动目标。

1. 启动方案应包括的内容

（1）工程概述。

（2）计划投产时间。

（3）设备启动范围及主要设备参数。

（4）新设备调度命名与编号情况。

（5）启动前的准备工作。

（6）风险及预控措施。

（7）启动前有关厂站的运行状态。

（8）启动操作步骤。

（9）附件。

2. 启动方案编写要点

（1）需要对一次设备进行全电压冲击，明确冲击次数。

（2）需要对变动了的二次设备，特别是继电保护的电流互感器回路进行带负荷测试工作。

（3）需要综合考虑网架结构、厂站接线等因素，优化安排充电顺序、相序核对点、设备合环点、继电保护相量测试等启动工作内容。

（4）必须以可靠的继电保护对新投产设备形成封闭式的包围。

（5）对可能造成正常运行的继电保护装置误动的情况，需采取临时继电保护措施避免误动（短接电流互感器、退出继电保护等）。

（6）编写启动方案应综合考虑一次方式、继电保护调整、二次回路调整以及一次操作与二次保护的配合，由于新投产一次设备保护二次回路未经验证，一般在电源侧选取已投产开关投入充电过电流保护，作为新投产一次设备后备保护，充电过电流保护定值要求对新投产一次设备故障有灵敏度。

3. 一次设备启动适用范围

（1）线路更换（充电 3 次、核相、测极性）。

（2）开关更换。

（3）母线更换。

（4）主变压器更换（充电 5 次）。

（5）主变压器大修（充电 3 次）。

（6）机组更换或大修（试验方案）。

（7）电压互感器更换（核相）。

（8）电流互感器更换（带负荷测试）。

（9）线路高压电抗器更换（充电 3 次）。

（10）电容电抗器更换（充电 3 次）。

4. 二次设备启动适用范围

（1）继电保护装置更换（带负荷测试）。

（2）继电保护二次回路更动，包括电流互感器、电压互感器二次回路更动、端子箱更动等（带负荷测试）。

带负荷测试一般包括定相、核相、电流互感器极性测试和继电保护差动电流测试等。

5. 充电过电流保护配置原则

（1）750kV 变电站扩建的启动工作，在具备条件的情况下，应倒空一条母线并选择一个已投产开关投入充电过电流保护，对该母线及新投产设备充电。

（2）750kV 变电站扩建中开关的启动工作，在具备条件的情况下，将接于新建中开关与边开关之间的已投产线路（或主变压器、滤波器等）对侧停电，并投入边开关充电过电流保护，然后用新建中开关对接于相邻间隔的线路充电并进行测试。

（3）符合以下条件者，经该工程启动委员会充分评估、论证后，可考虑不

采取上述倒空母线、停相邻设备作为后备的方案，直接用新建开关对新建线路充电并进行测试：

1）倒空母线等已投产设备导致相关直流送电功率被迫下降。

2）倒空母线等已投产设备导致相关断面送电能力下降、被迫限制用电负荷。

3）新建设备在启动过程中，发生故障且继电保护拒动的情况下，是否采用已投产设备作为后备的方案在故障隔离方面区别不大时。

1.2.3 新开关启动原则

新开关启动分为开关本体一次启动和开关一、二次均需启动两类，一般情况下，开关本体一次启动只需要冲击启动；开关二次需启动时，应进行电流互感器极性及继电保护差动电流测试。

1. 开关冲击启动原则

有条件时，应采用发电机零起升压，用外来电源对开关冲击一次（见图 1－2），冲击侧应有可靠的断路器充电保护，新开关非冲击受电侧与系统应有明显断开点，开关过电流保护或母差保护必要时应做相应调整；必要时对开关相关继电保护及母差保护做带负荷试验；新线路开关需先行启动时，可将该开关的出线引线拆开，使该开关作为母联或受电开关做保护带负荷试验（见图 1－3）。

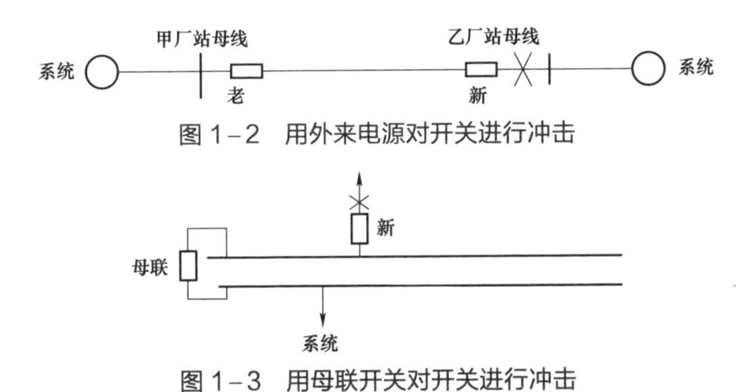

图 1－2 用外来电源对开关进行冲击

图 1－3 用母联开关对开关进行冲击

2. 开关带负荷试验原则

对新开关做电流互感器极性测试试验时，在试验系统中不允许无保护运行

（进行继电保护试验时除外）。

新开关做送电开关原则为：新开关作为送电开关时，可采用串供方式（见图 1－4 和图 1－5），被串供的老开关一、二次均应完好可靠；新开关作为受电开关做继电保护试验时，对侧老开关继电保护应对整个线路及新开关有足够的灵敏度；新开关所在母线无负荷时，新开关可作为环路开关空充线路做继电保护试验，采用将老开关充电保护灵敏度提高作为后备措施。

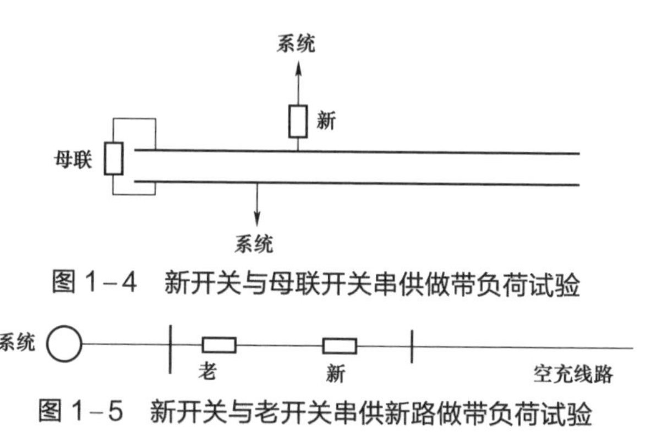

图 1－4　新开关与母联开关串供做带负荷试验

图 1－5　新开关与老开关串供新路做带负荷试验

1.2.4　新线路启动原则

有条件时，应采用发电机对新线路零起升压，正常后用老开关对新线路冲击 3 次，冲击侧应有可靠的继电保护；无零起升压条件时，用老开关对新线路冲击 3 次，冲击侧应有可靠的继电保护；冲击正常后，线路必须做定相、核相试验，定相时，新线路待定相侧开关应转冷备用；若新线路两侧线路保护和母差保护回路有变动，则相关继电保护及母差保护均需做带负荷试验。

1.2.5　新母线启动原则

新母线是指新建、扩建的母线及其附属一、二次设备。

（1）有条件时，新母线启动应采用发电机对新母线零起升压。零起升压正常后，再用外来或本侧电源冲击 1 次，冲击开关必须有可靠的继电保护。

（2）无条件零起升压时，新母线启动可用外来或本侧电源冲击 1 次，冲击侧应具有可靠的继电保护。

（3）老母线扩建延长，宜采取启用母联充电保护，对母线充电 1 次，冲击时母差保护按规定调整。

1.2.6 新变压器启动原则

新变压器是指新建、扩建变压器及其所属一、二次设备。

（1）有条件时，新变压器启动应采用发电机零起升压。零起升压正常后，用新变压器高压侧外来电源对其冲击 5 次（冲击目的：考验主变压器绝缘和过电压水平，检验励磁涌流产生电动力的影响、励磁涌流对主变压器差动保护的影响）。冲击电源侧需有可靠的继电保护。

（2）无条件零起升压，新变压器启动可用新主变压器的高压侧或中压侧（三绕组变压器）、低压侧（两绕组变压器）电源对新主变压器冲击 3～4 次，冲击电源侧要求有可靠的继电保护。冲击正常后，再从高压侧对新主变压器冲击 1～2 次（合计冲击 5 次），冲击电源侧需有断路器充电保护。

（3）因条件限制，新变压器启动必须从新主变压器高压侧电源直接冲击 5 次时，冲击电源宜选用外来电源，有条件时可采用两个开关串供，并启用断路器充电保护。

（4）新变压器冲击过程中，各侧中性点均应直接接地，新主变压器所有继电保护均启用。新主变压器所在母线上母差保护按继电保护规定调整。

（5）冲击新主变压器时，保护定值应避开主变压器励磁涌流并有足够的灵敏度，750kV 主变压器充电时应提供消磁报告。

1.2.7 新机组并网启动原则

新机组主要是指即将新投产（改造后）首次并网的发电机组、调相机组。

（1）新机组并网前，由厂站负责对新机组做好各种并网前试验，并符合并网条件。

（2）新机组并网前，一般要对升压主变压器零起升压，之后做假同期试验（实际上是对升压主变压器核相），假同期试验有两种方法：① 发变组带升压站一条母线，升压站另一条母线由电网侧带，两条母线之间的隔离开关拉开，同期合断路器；② 发变组升压主变压器开关两侧隔离开关拉开，同期合升压

变断路器。假同期试验的核心思想是用网侧电压和机端电压检同期合断路器。

（3）新机组并网前，所在母线的母差保护可停用，待新机组并网且母差保护带负荷正确后，母差保护启用跳闸，做试验时，由于有功增加速度慢，可安排电厂先带无功做试验。

1.2.8　新电流互感器启动原则

新电流互感器主要是指新建、更换后的电流互感器一、二次设备。

（1）用本侧母联开关对新电流互感器冲击 1 次时，应启用母联充电保护。新电流互感器带负荷试验时，应启用母联充电保护，停用母差保护，采用母联开关和新建开关串供方式开展试验。

（2）可用本侧旁路开关通过倒空母线或旁路母线对新电流互感器冲击。

（3）外来电源对新电流互感器冲击 1 次时，电源侧启用断路器充电保护，冲击正常后，该电流互感器带负荷做有关继电保护试验。冲击时，新电流互感器的母差电流回路应短接退出。

1.2.9　新电压互感器启动原则

新电压互感器是指新建、更换后的电压互感器一、二次设备。一般，电压互感器与母线或线路直接连在一起，无隔离开关，不能单独充电压互感器，对电压互感器充电时只能通过线路或母线一起充电。

（1）用本侧母联开关对新建电压互感器冲击 1 次时，应启用母联充电保护，并相应调整母差保护方式。冲击正常后，开展电压互感器二次核相。

（2）用外来电源对新电压互感器冲击 1 次时，电源侧启用断路器充电保护，冲击正常后，开展电压互感器二次核相。

1.2.10　新并联电抗器和新并联电容器启动原则

新投产并联电抗器和并联电容器并网启动时应全压冲击 3 次，并利用电抗器、电容器无功电流进行电流互感器极性及继电保护差动电流测试工作。

电容器在每次冲击后，应检查电容器运行情况，熔断器不应熔断，测量电容器各相电流差值不超过 5%，拉开开关后间隔 30min 后，待电容器尽可能完

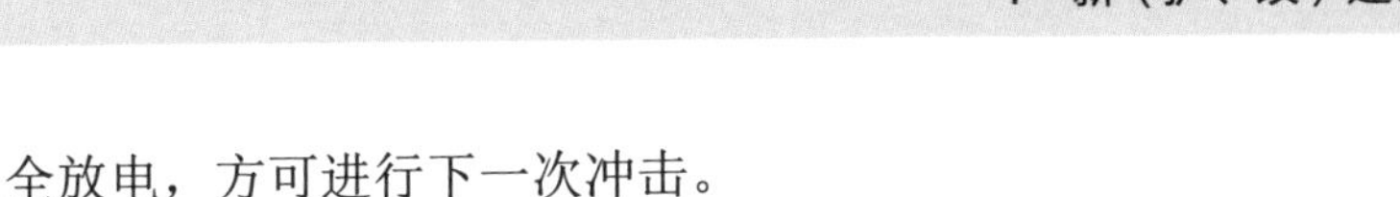

全放电，方可进行下一次冲击。

1.2.11 新串联补偿装置和新串联电抗器启动原则

线路新投产串联补偿装置应进行两侧串联补偿装置平台带电、空载、线路保护联动串联补偿装置旁路、带串联补偿装置投切、带串联补偿装置控制保护系统电源掉电、串联补偿负载带电试验等试验，同时根据系统需要，进行单相瞬时短路接地试验，验证设备和系统特性。

线路新投产串联电抗器应进行投切空载线路（串抗旁路）、投切空载线路（串抗运行）等试验，同时根据系统需要，进行单相瞬时短路接地试验，验证设备和系统特性。

由于串联补偿装置接入系统可能引起次同步振荡问题，在串联补偿装置工程启动时，应高度重视750kV串联补偿装置工程是否存在次同步振荡风险。特别是串联补偿装置近区电网存在大规模直流、新能源时，应在新设备启动前重点考察研究串联补偿设备和直流、新能源等存在的交互影响，有条件时应开展相关场站次同步振荡研究和监测，并通过新设备启动验证前期分析结论。

1.2.12 二次设备启动原则

继电保护装置更换或继电保护装置二次回路有改动，一次设备恢复运行前，需进行定相、核相、电流互感器极性测试和继电保护差动电流测试等验证二次回路。

（1）对于双套配置的继电保护装置，其中一套继电保护需要启动时，一次设备带电前确认另一套保护正常投入后，即可正常加运一次设备，验证新投继电保护装置二次回路。

（2）对于双套配置的继电保护装置，若两套继电保护同时更换或二次回路有改动，对该一次设备充电前，需投入充电开关的充电过电流保护。

（3）断路器保护需要启动时，确认断路器所在间隔元件主保护正常投入后，即可正常带电进行二次回路测试。

1.2.13 新厂站启动原则

新厂站启动原则是上述所有新设备启动原则的综合，新厂站包括新建的水、火电厂与变电站，新建水、火电厂的设备包括机组、母线、变压器、断路器、电压互感器、电流互感器、并联电容电抗器、二次设备等，新建变电站的设备包括母线、变压器、断路器、电压互感器、电流互感器、并联电容电抗器、二次设备等，此外还有新建线路，新建线路的启动伴随着新厂站启动完成的。

1.3 750kV 输变电工程系统启动调试流程

1.3.1 750kV 输变电工程系统启动调试组织机构

为确保西北电网 750kV 输变电工程系统启动调试工作顺利进行，由工程启动验收委员会（简称启委会）成立系统启动调试组织机构，包括成立启动调试指挥部与启动调试工作组等临时机构，负责系统启动调试的全部工作。

启动调试指挥部统筹协调，指挥各单位开展工程系统启动调试工作，涉及多个建设、设计、监理、测试单位及基建、生产等多个环节。指挥部的职责包括在启委会领导下，全面负责西北电网 750kV 输变电工程启动调试工作，协调工程启动外部条件；审查批准启动调试方案，检查启动调试准备工作；确定工程启动试运时间和其他有关事宜；全面指挥工程 750kV 部分的启动调试工作。在系统启动调试后审核启动调试报告，部署系统启动调试总结等工作。指挥部设在新投 750kV 变电站现场，指挥部成员包括调度、建设、运检等部门负责人。

指挥部下设调度指挥组、技术组、系统二次组、设备维护抢修组、线路组、操作组、现场测试组、安监组、后勤保障组，共九个工作小组，各工作小组在指挥部的领导和指挥下开展工作，分工负责系统启动调试中的有关事宜。

调度指挥组一般由网调、省调、设备部、电科院及检修公司等部门单位成员组成。职责是负责系统启动调试期间与各级调度的协调工作；接受指挥部的命令和试验计划，并根据计划受理并批准相关变电站的启动调试工作申请；根

据启动调试工作需要，对操作组下达调度命令，许可启动调试工作开、完工，控制有关试验工作的进程；在电网紧急情况下有权终止试验；负责编写启动调试计划，报指挥部审批。

技术组一般由网调、省调、设备部、建设部、电科院、检修公司、建设分公司及监理公司、设计院与设备厂家等部门单位成员组成。职责是负责分析启动调试过程中出现的技术问题，提出解决措施；协同调度指挥组处理系统启动调试过程中的事故；牵头召开每天的技术分析会；根据启动调试工作的进展和存在的问题提出建议，编写启动调试工作日报，报系统启动调试指挥部审批。

系统二次组一般由网调、省调、设备部、建设部、检修公司、电科院、信通公司、设计院与保护及录波设备生产厂家等部门单位成员组成。职责是开通电话会议系统，保证通信系统畅通；保证启动调试现场实时信息的及时浏览；负责系统启动调试过程中保护定值的整定计算、电网发生异常时保护动作情况分析，分析与排除保护装置出现的故障。

设备维护抢修组一般由设备部、建设部、检修公司、设计院与设备生产厂家等部门单位成员组成。职责是负责启动调试过程中设备的维护工作；负责设备的故障排除和事故抢修工作；负责变电站内各项试验和测试的临时接、拆线工作。

线路组一般由设备部、建设部、检修公司与设计院等部门单位成员组成。职责是由各送变电公司分别负责其承担的各线路标段，按启动调试要求负责750kV 线路的抢修工作。

操作组一般由检修公司的运行人员组成。职责是严格执行“两票三制”制度，根据启动调试计划，接受工作申请，并向网调提出申请；接受网调的调度命令，编写操作票，完成各种试验项目的操作任务，许可现场试验开工，监护现场试验工作，接受完工汇报；在设备或电网紧急状态下，按照事故处理的程序进行各项操作。

现场测试组一般由电科院、检修公司与设备生产厂家等部门单位成员组成。职责是负责系统试验的各项测试工作。在试验过程中，接受启动调试指挥（由调度指挥组指定）指令，进行各试验项目的测试、试验数据的记录和分析整理工作；根据现场试验测量的数据判断系统或设备的状况，向系统启动调试指挥部建议是否暂停有关试验；在系统或设备紧急情况下，立即向启动调试指挥通报，由启动调试指挥发令停止试验。根据测试计划和测试工作的要求提出启动调试申请，办理工作票。

安监组一般由安监部、网调、建设部、检修公司与建设分公司等部门单位成员组成。职责是督促检查系统启动调试期间现场工作人员按照《电力安全工作规程》要求开展工作，监督“两票三制”的执行情况；检查各项安全措施、各项事故预案等落实情况，协助进行事故处理和事故抢修。

后勤保障组一般由建设部、物资部与建设分公司等部门单位成员组成。职责是负责系统启动调试期间现场启动调试人员的住宿、饮食，负责启动调试相关的车辆安排。

1.3.2 系统启动调试工作流程及试验安排

1. 调试业务流程

每日调试工作完成后，系统调试总指挥部组织召开指挥分部各工作小组负责人联席会议，分析当日调试结果和调试工作中存在的问题，由系统调试总指挥签发调试日报和次日调试计划。各工作小组根据前一日签发的调试计划做好相关准备工作。测试单位根据调试计划，按照工作票双签发制度办理次日工作申请，其中，双签发指由测试单位和运行单位工作票签发人在同一工作票上签发。变电站值班长根据工作票内容，于当日向网调调度员申请工作，由调度员下令进行设备操作、许可工作。值班长在得到调度员的许可后，才能许可工作班组进入工作地点，开始试验的相关接线准备工作或测试工作。

调试业务联系流程如图 1-6 所示。

2. 调度业务流程

按照 750kV 输变电工程系统调试工作的总体要求，系统调试期间，在网调调度室设试验调度员，进行调度指挥系统调试。

系统调试期间有关调度业务联系方式规定如下：

（1）试验调度员在进行调度业务联系时，冠语为：“试验调度员×××”。

（2）调试调度下达调试调度指令时，指令编号格式为：“试验调度#×××”令。如“试验调度#8”令等。

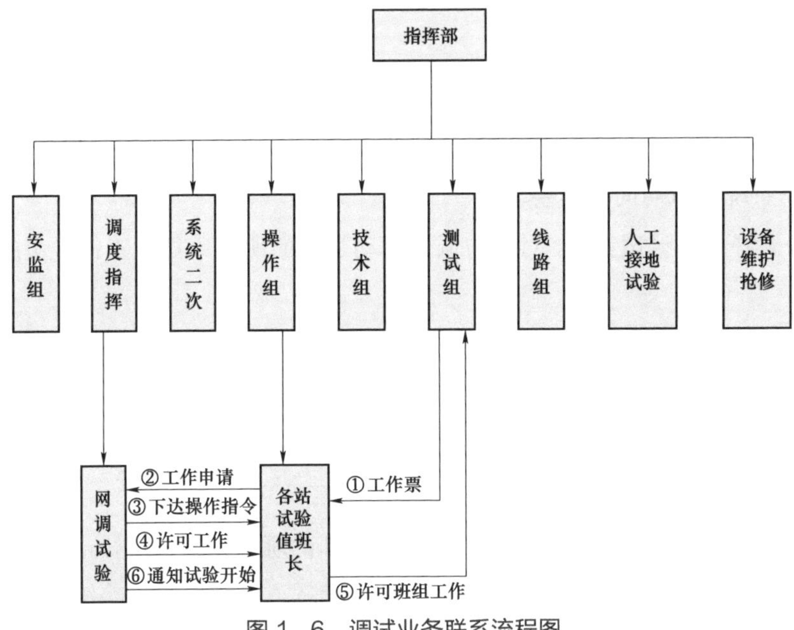

图 1-6　调试业务联系流程图

（3）750kV 调试变电站试验值班长使用冠语为“×××变试验值班长×××”。

（4）在调试工作开始之前，网调电力调度室、750kV 调试变电站值班室及测试仪器所在小室、调试指挥部须将专用会议电话拨入电话会议系统，保持会议通话状态，要求会议终端有“双工”功能。

（5）每日试验开始前 15 分钟，由网调试验调度员点名确认各站测试小组的试验准备就绪；试验开始前 10 分钟各工作小组负责人将当日试验准备情况向指挥部汇报，由总指挥许可当日试验开始。

（6）每项试验前 1 分钟，网调试验调度员在确定各操作、测试小组准备工作完成后，发出“1 分钟准备”指令。

（7）各小组在听到“1 分钟准备”指令后，应对各项工作准备情况进行复查，有问题时及时向网调试验调度员汇报，并由网调调度员暂停该试验项目；待准备工作完成后，由网调试验调度员发令重新进入 “1 分钟准备”状态。

（8）网调试验调度员下令“30 秒准备”、在各单位均无异常汇报后，网调调度员下令“10、9、8、7、6、5、4、3、2、1、执行”，站内值班人员在听到

“执行”后操作相关开关，测试人员在听到倒计时“3”后即可启动测试仪器。

3. 调试进度初步安排

根据系统调试工作进度安排，制订与系统调试方案内容相吻合的系统调试计划实施时间。

4. 系统调试期间工作要求

为做好系统调试工作，对参与调试启动工作的所有单位和工作人员的要求如下：

（1）参加调试工作的单位，要充分认识工程的重要意义，认真贯彻启委会关于抓好 750kV 工程调试的指示精神，从严要求，规范操作，确保安全，认真完成好各自责任范围内的各项任务，保质保量地完成好 750kV 输变电工程输变电工程的启动调试任务。

（2）启动调试工作必须在系统调试指挥部的统一领导下进行，参与启动调试的所有工作人员必须接受所在小组的统一指挥。工作人员对小组组长负责，小组组长对现场分管副总指挥负责，分管副总指挥对总指挥负责。各小组按照职责分工开展工作，做到分工明确，各负其责，令行禁止。交界面上的工作要加强协调，主动配合。

（3）严格组织纪律。各设备厂家参与调试的人员由各建设公司代为通知，务必到现场参加调试工作。全体参与调试人员在调试期间必须坚守工作岗位，不得擅离职守，调试期间有事必须向组长请假，得到同意后方可离开。各小组长原则上不得请假。如确因特殊情况需要请假者，应经分管副总指挥批准，并由分管副总指挥指定临时代理人，交接完工作后才可离开。

（4）调试期间应高度重视安全问题。认真贯彻落实《国家电网公司关于加强安全生产工作的决定》中相关要求，做到调试工作指挥得当、安排周密，按照国家电网有限公司反事故斗争的各项要求制定详尽的反事故预案，对参与系统调试工作的全体人员进行调试方案、安全措施、反事故预案等方面的技术培训、交底，做到安全责任落实到人。

（5）现场的各项调试工作必须贯彻落实国家电网有限公司十八项反措的要求，严格执行“两票三制”，在现场管理中应明确调试区、运行区、施工区等各生产区域，并用明显标志隔离。进入相关区域的工作人员需配戴统一印发

的通行证，进入带电运行区域的人员应按规定办理工作票。现场的安措管理必须严格执行相关电业安全工作规定，确保不发生恶性误操作事故，不发生人身伤亡事故。

（6）加强安全监督检查力度。各单位应加强自身安全监督检查工作。安监组应缩短现场巡回检查周期，发现违章现象或其他不安全因素，立即纠正，或责令现场试验人员暂停工作，待安全措施落实后，方可继续工作。对现场出现的重大安全问题，应及时向调试指挥部汇报。

（7）参加调试的单位和工作人员应严格按照相关业务联系流程规定进行业务联系，重要事项要以书面材料形式或双方录音电话方式进行确认；各小组内应加强沟通协调工作，保证调试工作的顺利进行；调试人员和操作人员应严格按照组织流程接受和发布命令，严格按照调试计划和作业指导书执行相关工作，不受其他因素干扰。

（8）在调试调度过程中，试验调度员与调试值班长必须严格遵守《西北电网调度控制管理规程细则》（西北电网〔2015〕31 号），严肃调度纪律。调度命令票必须经过拟票、审核、发令、执行四个环节。下令时，必须遵守发令、复诵、复核、记录、录音制度。调度命令票必须正确、规范，字迹清晰。厂站值班长必须要有完整准确的记录。工作票、操作票必须符合《国家电网公司电力安全工作规程》的各项要求。

新（扩、改）建设备启动理论计算分析

2.1 新（扩、改）建设备启动理论计算分析必要性

每一项新（扩、改）建发输变电工程，在初设阶段已经进行了相关设备选型的电气计算和该工程投产后的安全稳定计算，但由于设计阶段相关设备缺少详细实测模型参数等原因，初设阶段进行的电气计算及安全稳定计算的边界条件与该工程投产时的边界条件不一致，且计算结论比较粗放不够精细，因此非常有必要在工程即将投产时开展相关的潮流稳定计算分析及电磁暂态计算分析。潮流稳定计算分析是采用潮流稳定仿真程序，结合装置等设备的实际特性参数，针对待调试系统和调试项目，从系统安全稳定角度分析调试系统的薄弱环节及可能出现的技术问题，提出接入系统试验方式、电压无功控制策略以及确保调试期间电网安全稳定控制措施建议，为制订接入系统试验方案和测试方案提供依据。电磁暂态计算分析是采用电磁暂态仿真程序，结合装置等设备的实际特性参数，对各调试项目中可能出现的过电压、过电流等情况进行仿真预测，分析主要元件及相关设备的工况，评估一次设备及系统运行安全性，提出各调试项目的试验方式安排及安全措施建议，为制订接入系统试验方案和测试方案提供依据。

2.2 新（扩、改）建设备启动理论计算分析内容

新（扩、改）建发输变电工程的理论计算分析内容主要包括潮流稳定计算分析及电磁暂态计算分析，有直流工程的电网还要进行直流偏磁评估分析。

2.2.1 750kV 发输变电工程潮流稳定计算分析

750kV 发输变电工程潮流稳定计算分析是基于 750kV 新（扩、改）建发输变电工程新设备启动前，为确保工程在投产过程中不出现系统性问题而开展的，一般来说，计算分析结论要在新设备启动前一个月完成，计算所用的系统数据由该工程所辖省公司的调度部门提供，计算所用的该工程相关参数由管理该工程的建设单位提供，工程计算所用程序为电力系统分析综合程序和 BPA，西北电网所用计算工具为电力系统分析综合程序，主要包括 PSASP 潮流程序、PSASP 暂态稳定程序、PSASP 短路电流程序、PSASP 地理接线图。理论计算分析的边界条件与工程新设备启动调试的实际边界条件会有一定的出入，但大体可以与新设备启动时电网实际运行情况一致。因此理论计算分析的结论可以有效指导新设备启动工作。

2.2.1.1 空充 750kV 线路试验计算分析

750kV 输电线路一般均为架空线路，关于架空线路的参数计算与特征方程这里不再详细阐述，如有需要可以参考何仰赞、温增银编著，由华中科技大学出版社出版的《电力系统分析（第四版）》。

西北电网 750kV 输电线路导线型号一般为 6×400mm^2 的钢芯铝绞线，典型设计参数如表 2－1 所示。

表 2－1　　750kV 输电线路典型设计参数

导线型号	序参数	电阻（Ω/km）	感抗（Ω/km）	电容（μF/km）
6×JL/G1A－400/50	正序	0.0162	0.2824	0.0139
	零序	0.2082	0.8496	0.0093

一般情况，空充 750kV 线路试验计算分析需要用到线路的实测参数，但线路实测参数报告由建设管理单位提供给工程启动计算分析专责时，新工程即将启动，而此时再开展空充 750kV 线路试验计算分析已经不符合新设备启动管理规定。为此，工程启动计算分析专责依据 750kV 线路典型设计参数开展新工程启动计算分析工作，待实测参数报告提供后，重新校核空充 750kV 线路试验计算结论即可。电力系统分析综合程序中关于线路的模型是用Π型等值电路，由于Π型等值电路没有考虑线路的并联电导参数影响，但实际上线路的电导参数对计算是有一定影响的，这主要体现在有功功率损耗上，本书中主要考虑空充 750kV 线路后对系统电压的影响，因此线路的并联电导参数影响忽略不计，还是按照电力系统分析综合程序所提供的模型进行分析计算，下面以一个实际工程案例进行详细说明。

2018 年 7 月某 750kV WB－TC 输变电工程启动投产，该工程是把 WB 地区电网与 TC 地区电网通过两回 750kV 新建输电线路联接到一起，两回新建线路长度均约为 320km，线路两侧高压电抗器配置均为 300Mvar，并且在 TC 地区新建一座 750kV 变电站，在 WB 地区扩建一座 750kV 变电站，这如图 2－1 所示。

图 2－1　WB－TC 线路示意图

根据该工程的线路的设计参数，通过电力系统分析综合程序分别从 WB 侧与 TC 侧计算一回线路空充的电压变化，计算结果如表 2－2 所示。

表 2－2　　750kV WB－TC 一回输电线路空充计算结果

操作	变电站/线路末端	750 电压（kV）		
		操作前	操作后	压升
WB 侧合闸	WB 变电站	775.0	781.5	6.5
	WB－TC 一线 C 侧	—	799.2	—

续表

操作	变电站/线路末端	750 电压（kV）		
		操作前	操作后	压升
TC 侧合闸	TC 变电站	754.8	830.4	75.6
	WB－TC 一线 W 侧	—	847.4	—

通过表 2－2 可以看出，从 WB 侧空充 WB－TC 一线后，WB 变电站 750kV 侧母线电压上升 6.5kV，WB－TC 一线线路末端电压比首端高 17.7kV；从 TC 侧空充 WB－TC 一线后，TC 变电站 750kV 侧母线电压上升了 75.6kV，这个电压值已经超出了该地区电网运行规定要求的范围，因此从 TC 侧空充线路的试验必须放弃。对比不同送端空充线路可以发现，送端母线电压变化可以非常大，这主要是由线路两端的变电站系统强度不同造成的，由于每座变电站的系统强度不同以及每个新投工程的线路长度与补偿度都不同，因此非常有必要计算每个新工程空充线路前的电压控制值，确保新工程在投产过程中不会给系统及设备带来破坏风险。

空充 750kV 输电线路除了需要关注它给系统运行电压带来的影响外，还需要关注计算线路充上电后，会给送端提供多大的无功电流，一般来说 750kV 输电线路的高压电抗器补偿度为 60%～90%，没有补偿的无功功率会给送端提供无功电流，这个无功电流就可以被用于测试电流互感器的极性，当然也有由于线路过短造成无功电流过小的情况，一般来说 750kV 输电线路长度超过 20km，就可以用它的无功电流测试电流互感器的极性。若电压等级低于 220kV 的输电线路启动送电，则用它产生的无功电流测试相关的电流互感器的极性需要相当长度的线路，又由于电压等级低的输电线路一般都较短，因此测试电流互感器极性的工作在电压等级低的输电线路上用有功负荷产生的电流来测试。

2.2.1.2 750kV 主变压器挡位选择计算分析

西北电网各 750kV 变电站的主变压器有两种电压等级，除新疆电网的 750kV 变电站主变压器的电压等级为 750/220/66kV 外，西北电网其余四个省级电网（青海、甘肃、宁夏、陕西）的 750kV 变电站主变压器的电压等级为 750/330/66kV。虽然西北电网主变压器电压等级不同，但西北电网 750kV 主变压器挡位选择的原则是一致的，选择主变压器挡位主要考虑高中压侧运行电压水平与无功功率交换程度。

750kV 变电站的两种变压器的铭牌分别为（$765/\sqrt{3}$）/（$230/\sqrt{3}\pm2\times2.5\%$）/63kV 和（$765/\sqrt{3}$）/（$345/\sqrt{3}\pm2\times2.5\%$）/63kV，均是无载调压变压器，并且是中压侧调压。对中压侧调压的降压变压器而言，当中压侧电压偏低时，分接开关挡位要向低调整；当中压侧电压偏高时，分接开关挡位要向高调整。

以新疆电网为例，新疆电网的 750kV 变电站主变压器 750、220kV 侧电压与主变压器挡位的关系见表 2－3。

表 2－3　　主变压器挡位选择

主变压器挡位	750kV 侧电压（kV）	220kV 侧电压（kV）
+2×2.5%（Ⅰ挡）	792.8	250.3
	770	243.1
	760	239.9
	750	236.8
+1×2.5%（Ⅱ挡）	792.8	244.3
	770	237.3
	760	234.2
	750	231.1
0（Ⅲ挡）	792.8	238.4
	770	231.5
－1×2.5%（Ⅳ挡）	792.8	232.4
－2×2.5%（Ⅴ挡）	792.8	226.5

表 2－3 中的数据显示了 750kV 变电站主变压器分接头挡位的选择对 750kV 侧电压与 220kV 侧电压的分配影响，根据这个数据结合电网实际运行情况，750kV 变电站主变压器挡位一般在Ⅰ挡、Ⅱ挡与Ⅲ挡中选择。

在新建 750kV 变电站投运前，应根据近区 220kV 系统运行电压水平情况确定主变压器相关挡位，通过综合稳定计算程序，计算 750kV 变电站主变压器不同挡位情况下，相关 220kV 系统电压水平是否运行在合理区间，以及 750/220kV 系统无功功率分布是否合理。

2.2.1.3 解合环试验计算分析

在750kV输变电工程启动过程中，一个重要的环节是解合环试验，这项试验最重要的是使两个相对低电压等级的系统，通过新建的高一级电压等级输变电工程联接在一起，形成了一个完整的新电力系统。

在解合环试验过程中存在一定的违规风险，违规风险主要包括合环后的运行电压超过了《西北电网调度控制管理规程细则》（西北电网〔2015〕31号）给定的限值，合环时的合环角过大（超过15°），解环时的电压超过《西北电网调度控制管理规程细则》（西北电网〔2015〕31号）给定的限值等。对于存在上述违规风险的试验，需通过综合稳定计算程序进行计算分析，以便给出相应电压控制策略和潮流控制策略，从而不违反《西北电网调度控制管理规程细则》（西北电网〔2015〕31号）。

以750kV SC－HT输变电工程为例进行说明。750kV SC－HT输变电工程在2019年投产，投产时的结构如图2－2所示，从图2－2中可以看到，该工程是单线单变，又由于HT电网缺少电源支撑，因此网架结构薄弱，该工程合环时电压与潮流控制需要计算分析，以防因操作前电压与潮流控制不当而使得操作出现风险。

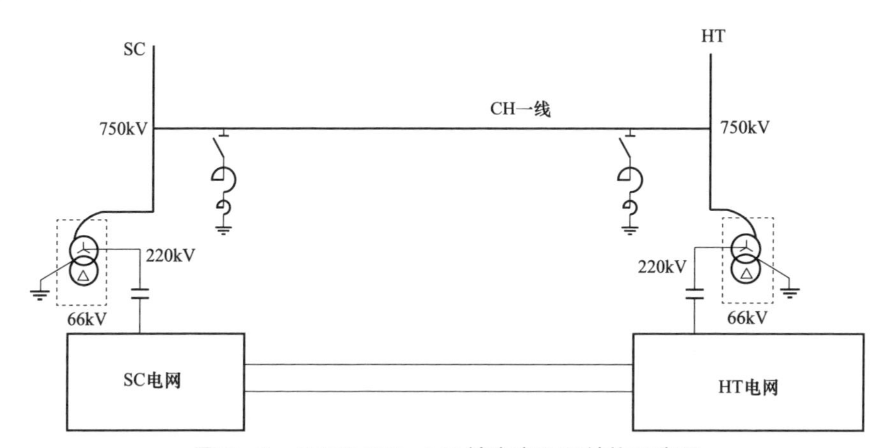

图2－2 750kVSC－HT输变电工程结构示意图

从图2－2中可以看到，750kV HT变电站220kV侧有两条母线，合环操作时，750kV主变压器侧带一条220kV母线，220kV系统侧带一条220kV母线，通过 220kV 母联开关进行合环操作，为合理控制主变压器 220kV 侧电压，需考虑合环前 HT 变电站投入一组低压电抗器与投入两组低压电抗器（66kV 侧）条件下，750kV HT 变电站 220kV 侧合环点电压及角度差，见表 2－4。

表 2－4　合环点电压及角度差

低压电抗器组数	合环前合环点电压				合环前合环点角度差（°）	合环后 HT 变电站 220kV 电压（kV）
	母线侧（kV）	主变压器侧（kV）	差值（kV）	百分比（%）		
一组 60Mvar 低压电抗器	239.3	242.3	3.0	1.25	1.1	242.4
两组 60Mvar 低压电抗器	238.6	235.7	2.9	1.22	1.4	238.9

表 2－2 中的计算数据体现了合环过程的电压变化情况，投入低压电抗器的原因是为了使合环前主变压器中压侧电压尽量与母线侧电压接近，这样在合环过程中系统的电压变化最小，对系统的冲击最小。750kV 电压等级系统与 220kV 电压等级系统合环时，主变压器中压侧电压与母线侧电压幅值差般给定为 11kV，超过这个值，系统合环时的冲击电流过大，会对设备造成冲击。

750kV 系统与 220kV 系统合环时，除了电压幅值差值需满足定值要求外，电压相角差值同样需要在一定范围内，否则也会出现合环时冲击电流过大。750kV 变电站的同期合环相角差定值一般给定为 15°。表 2－5 中给出了合环操作前，SC 电网与 HT 电网机组出力的变化对合环角的影响。

表 2－5　机组出力变化对合环角的影响

机组出力变化	SC→YEERQIANG 断面有功功率（MW）	HT→YULONG 断面有功功率（MW）	合环角（°）
机组原始出力总和为 635MW	325	88	10.2
机组原始出力总和为 605MW	355	36	12.7
机组原始出力总和为 595MW	365	54	13.4
机组原始出力总和为 585MW	379	44	14.2
机组原始出力总和为 575MW	387	36	15

2.2.1.4 投切低容低压电抗器（高压电抗器）试验计算分析

750kV 发输变电工程中，由于输电线路的高压电抗器补偿度均为欠补偿，因此 750kV 主变压器低压侧均配不同组数的低压电抗器，同时考虑系统运行需要，也会配不同组数低压电容器。由于对低容低压电抗器进行操作时会改变系统电压，特别是弱系统的电压，因此需要通过计算来校核投切低容低压电抗器时的电压变化率，保证系统运行电压不会出现大范围波动。有些发输电工程还配有母线高压电抗器，同样需要通过计算来校核投切母线高压电抗器时的电压变化情况，查看是否满足相关规程要求和电压运行限值。

计算投切低容低压电抗器的电压变化率，通常是在不同方式下进行试验，一般来说，分别计算合环方式下的电压变化率和开环方式下的电压变化率，合环方式下的电压变化率均低于开环方式下的电压变化率。具体算例不再详述。

在计算投切母线高抗时的电压变化情况时，根据不同的接线形式进行计算，使得投切高抗后的运行电压不超过规定的运行限值。具体算例不再详述。

2.2.1.5 750kV 发电机组自励磁计算分析

750kV 发输变电工程系统调试中可能发生发电机自励磁现象。本节通过对发电机自励磁机理的总结及判据的探讨，来解决如何避免发电机产生自励磁问题。

1. 发电机产生自励磁的机理

凸极机在同步运行状态下，其电抗值在直轴同步电抗 X_d 和交轴同步电抗 X_q 之间变化；当凸极机和隐极机处于异步工作状态时，其电抗值在直轴暂态电抗 X_d' 和 X_q 之间变动；变动的频率均为工频的两倍。当发电机带空载线路时，相当于接上容性负荷，发电机中流过的容性电流会加强发电机的磁场，起助磁作用。若发电机端所带空载线路的容抗在 $X_d \sim X_q$ 之间，或在 $X_d' \sim X_q$ 之间，将会发生谐振现象，即使在无励磁条件下，发电机的机端电压也会上升，这种现象称作发电机的自励磁。所以，发电机自励磁现象的物理本质是发电机旋转时，其电感参数发生周期性变化，并和外接电容发生参数谐振而引起的，故也

称为参数谐振，谐振频率等于工频。凸极机同步运行时产生的参数谐振称为同步自励磁，从回路的自振频率看应该满足以下条件

$$\frac{1}{\sqrt{L_d C}} < \omega < \frac{1}{\sqrt{L_a C}} \tag{2-1}$$

即

$$\omega L_d > \frac{1}{\omega C} > \omega L_q \tag{2-2}$$

或

$$X_d > X_C > X_q \tag{2-3}$$

凸极机和隐极机异步运行时产生的参数谐振称为异步自励磁，应该满足

$$X_q > X_C > X_d' \tag{2-4}$$

发电机电感参数变化的能量是在旋转过程中由原动机提供的，因此在上述具有时变参数的振荡回路中，通过电感参数的周期性变化将机械能转换为磁能而输入谐振能量，如果此能量大于回路中串联电阻能耗，则谐振振荡将持续发展。图 2-3 是同步发电机发生自励磁的参数范围示意图，即对一定的回路电阻 R 存在一定的谐振范围。

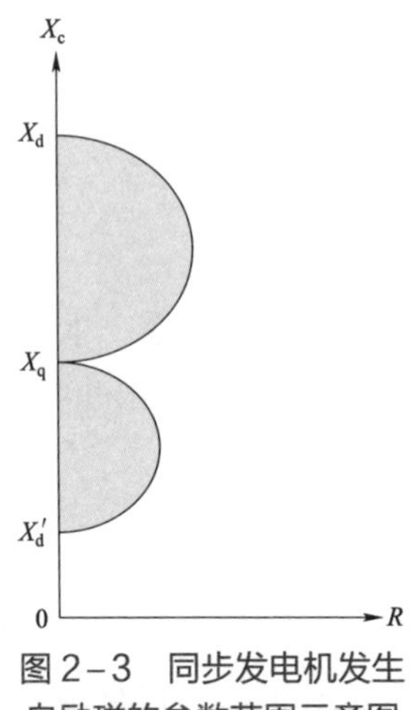

图 2-3 同步发电机发生自励磁的参数范围示意图

一般情况下，发电机经升压变接入系统，式（2-3）和式（2-4）应考虑变压器的漏抗，并修正为

$$X_d + X_T > X_C > X_q + X_T \tag{2-5}$$

$$X_q + X_T > X_C > X_d' + X_T \tag{2-6}$$

在实际系统中，若发电机所带空载线路较长，则 X_C 较小，同时一般系统的损耗也较小，回路可能处于自励磁范围内，只要电容器上留有残余电荷，或者发电机铁芯电感中有剩磁或励磁电流，均可使自励磁现象持续发展，并导致发电机的端电压不断上升。由于系统中输电线路的电晕损耗，以及铁磁元件（发电机、变压器等）的饱和使回路自动偏离谐振条件等原因，自励磁过电压幅值

一般不超过相电压的 1.5～2.0 倍。

在超高压长线上装设并联电抗器补偿空载线路的电容，增大回路中的等效容抗，使之落在发电机自励磁区域之外，可以起到避免发生自励磁过电压的作用。

2. 发电机不发生自励磁的判据

根据《电力系统设计技术规程》（SDJ 161－85），发电机带空载长线时，不发生自励磁的判据为

$$W_h > Q_C \times X_{d*} \tag{2-7}$$

式中 W_h ——发电机额定容量，MVA；

Q_C ——线路充电功率，$Q_C = Q_{:L} - Q_{:R}$，$Q_{:L}$ 为输电线路充电功率，$Q_{:R}$ 为高压电抗器或低压电抗器容量，Mvar；

X_{d*} ——发电机等值同步电抗（包括以发电机容量为基准的升压变漏抗的标幺值），$X_{d*} = (X_d + X_T) / Z_B$，$Z_B$ 为发电机的基准阻抗，$Z_B = U^2 / W_h$。

考虑到 $Q_C = \omega \bullet C \times U^2$，将其带入式（2－7）中得到

$$W_h > \omega \bullet C \times U^2 \times X_{d*} \tag{2-8}$$

将 $\omega \bullet C \times U^2$ 从式（2－8）右侧移至左侧可得

$$\frac{1}{Z_B} \times \frac{1}{\omega \bullet C} > \frac{X_d + X_T}{Z_B} \tag{2-9}$$

式（2－9）中的 $\frac{1}{\omega \bullet C}$ 即是与发电机相连的容抗 X_C，消去式（2－9）中 Z_B 得到

$$X_C > X_d + X_T \tag{2-10}$$

因此，满足式（2－7）的条件，即可使发电机所接容抗的数值落在发电机自励磁区域之外，确保发电机带空载长线过程中不会发生自励磁。

3. 算例

以某 750kV 电厂启动工程为例，该电厂新建两台额定容量为 600MW 的火电机组，表 2－6 给出了该电厂带电至 750kV 空载线路（单回长度约为 24km）时，发电机自励磁核算结果。

表 2-6　电厂带电至 750kV 空载线路（单回）时自励磁计算结果

高压电抗器/低压电抗器容量（Mvar）	线路充电功率（Mvar）	X_d^*	$X_d^* \times Q_c$	是否发生自励磁	
0/0	76.623	2.496	191.251	1 号不发生	2 号不发生

根据表 2-4 的计算结论，该电厂的发电机额定容量大于发电机的等值同步电抗与输电线路充电功率的乘积，因此，发电机组不会发生自励磁。

2.2.1.6　750kV 发输变电系统短路电流直流分量校核

2016 年以前，750kV 发输变电系统短路电流直流分量校核没有得到重视，2016 年 5 月 16 日，宁夏京能宁东电厂断路器拒动导致电厂近区电网联锁跳闸以致事故扩大。事故后相关调度部门调查发现，事故原因为双回运行线路在单相永久故障重合换路过程中，由于直流分量较大造成短路电流不过零点，从而引起断路器拒动。

为此，2016 年以后，西北电网新建 750kV 输变电工程的新设备启动前，均校核短路电流直流分量引起的断路器拒动的问题。

两回及以上并联线路两侧系统短路容量相差较大时，当故障线路重合于永久故障，由于重合闸实际时间存在一定离散性，两侧重合闸时间并不完全一致，如果系统短路容量较小侧断路器先合，此时全部短路电流均流过先合侧断路器，系统短路容量较大侧断路器合闸后，较大的故障电流由先合侧断路器转移至后合侧断路器，因系统电感元件存在，电流不能发生突变，会在先合断路器中产生较大的直流分量，且系统短路容量较小侧提供短路电流较小，较大的直流分量叠加一个较小的周期分量，导致断路器出现电流没有过零点、无法灭弧情况，当电网直流分量衰减时间常数较大时，短路电流有可能较长时间不过零点，导致断路器不能有效开断故障电流，最终靠失灵保护动作延时切除故障。经进一步分析研究表明，对于两回及以上环网运行线路，弱系统侧开关先于强系统侧开关重合的情况下，流过弱系统侧（先重合）开关的短路电流工频分量之比（I_{d1}/I_{d2}）较大时，将存在由于直流分量影响导致短路电流较长时间不过零点，引发断路器不能有效开断故障电流的风险。

双回运行线路的系统仿真建模图如图 2-4 所示，判断故障后短路电流不过零点，存在断路器不能有效开断故障电流的判据公式推导过程具体如下。

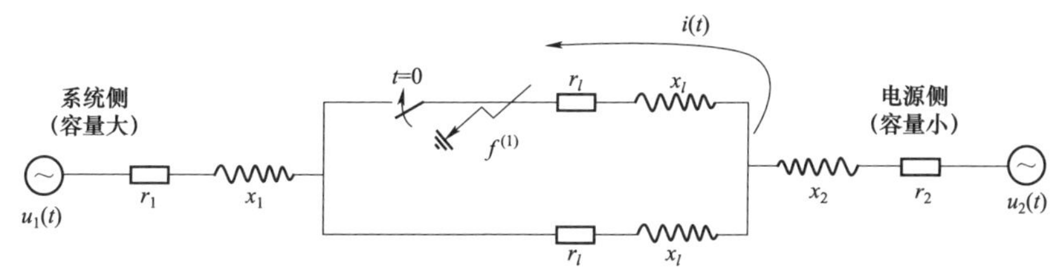

图 2-4 双回运行线路的系统仿真建模图

$$i_1(t)=i_{1(1)}(t)+i_{1(2)}(t)=\frac{\sqrt{2}U}{(Z_1+Z_l)\parallel Z_2+Z_l}\sin(\omega t+\theta-\varphi)=\sqrt{2}A\sin(\omega t+\theta-\varphi)$$

$$i_2(t)=\frac{\sqrt{2}U}{2Z_2+Z_l}\sin(\omega t+\theta-\varphi)=\sqrt{2}B\sin(\omega t+\theta-\varphi)$$

$$i(t)=\sqrt{2}B\sin(\omega t+\theta-\varphi)+\sqrt{2}(A-B)\sin(\theta-\varphi)\mathrm{e}^{-\frac{t}{\tau}}$$

式中 t——断路器最长关断时间；

τ——系统直流分量衰减时间常数。

$$\tau=\frac{2x_2+x_l}{2r_2+r_l}$$

$$i(t)\neq 0\Rightarrow\begin{cases}\sin(\theta-\varphi)>0,i(t)>0\\ \sin(\theta-\varphi)<0,i(t)<0\end{cases}\Rightarrow\frac{A}{B}>1+\frac{\sin(\omega t+\theta-\varphi)}{\sin(\theta-\varphi)\mathrm{e}^{-\frac{t}{\tau}}},\text{令}k=\frac{A}{B}$$

$$k=\frac{A}{B}=\frac{I_1(t)}{I_2(t)}>1+\mathrm{e}^{\frac{t}{\tau}}$$

式中 $I_1(t)$——$i_1(t)$ 的有效值，见图 2-5；

$I_2(t)$——$i_2(t)$ 的有效值，见图 2-6。

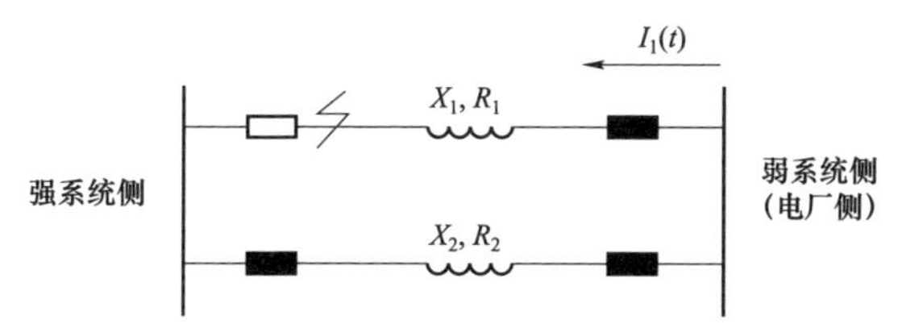

图 2-5 弱系统（电厂）侧先重合形成的 $I_1(t)$

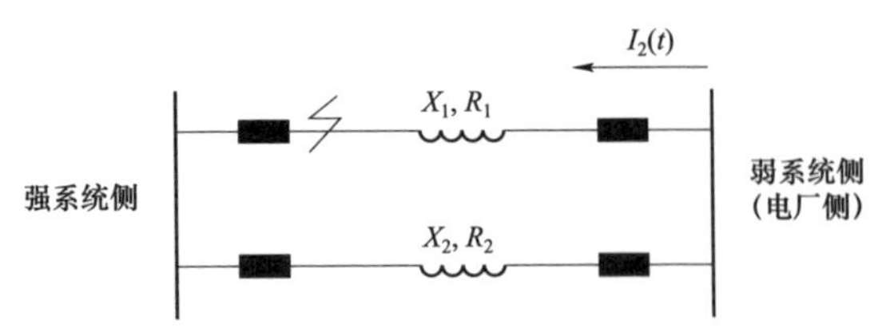

图 2-6　强系统（电厂）侧后重合形成的 $I_2(t)$

综上所示，根据“$k=A/B=I_1(t)/I_2(t)>1+e^{t/\tau}$”，校核在一定的 t 和 τ 的情况下，双回及以上环网运行线路在弱侧系统先与强侧系统重合于单相永久故障后的 k 值［即 $I_1(t)/I_2(t)$］是否大于 $1+e^{t/\tau}$ 来判定是否存在故障后短路电流不过零的风险。

除上述情况外，还有另外一种情况，即系统衰减时间常数超过断路器标准时间常数引起的直流分量问题。断路器的开断能力由交流分量和直流分量两个因素决定。当短路电流直流分量衰减时间常数小于断路器的标准时间常数时，可忽略直流分量的影响，短路电流校核仅考虑工频分量。当直流分量衰减时间常数超过断路器的标准时间常数时，短路电流直流分量占比超过标准值，断路器短路电流开断能力应按照全电流有效值等价原则进行校验。

根据《高压交流断路器》（GB 1984—2014），直流分量衰减的标准时间常数为 45ms。与断路器额定电压相关的特殊工况下的直流分量时间常数为：

（1）40kV 及以下时为 120ms。

（2）72.5～363kV 时为 60ms。

（3）550～800kV 时为 75ms。

（4）1100kV 时为 120ms。

考虑直流分量影响后，断路器实际开断能力对应的交流分量数值 $I_{sc.R}$ 与额定开断电流 $I_{sc.N}$ 的关系为

$$I_{sc.R}=I_{sc.N}\sqrt{\frac{1+2e^{-2t_{min}/T_{dc.N}}}{1+2e^{-2t_{min}/T_{dc}}}}=K\cdot I_{sc.N}$$

其中，$K=\sqrt{\frac{1+2e^{-2t_{min}/T_{dc.N}}}{1+2e^{-2t_{min}/T_{dc}}}}$。

系数 K 即为考虑直流分量影响后的断路器开断能力折扣系数。当系统直流分量衰减时间常数大于断路器标准时间常数时，$K<1$。

按照上述理论，对于750kV断路器：

（1）75ms、63kA断路器，当直流分量间常数为180ms时，交流分量开断能力降至57kA（0.9×63kA）。

（2）120ms、50kA断路器，当直流分量时间常数为200ms时，交流分量开断能力降至47.5kA（0.95×50kA）。

针对西北电网750kV输变电工程，在新设备启动前，计算短路电流超过断路器90%遮断容量的情况，通过计算短路电流直流分量衰减时间参数，评估断流器实际开断能力是否满足系统要求。

2.2.1.7 750kV发输变电系统短路电流计算分析

新建750kV发输变电工程投产前，需要计算相关变电站短路电流和新投变电站的变压器三侧短路的短路电流，主要目的是防止由于新设备投产引起系统短路电流超标，从而给电网运行带来风险，还有就是考虑继电保护定值匹配问题。

一般来说，750kV发输变工程启动投产后，都会不同程度地提高原系统的短路容量，即相关变电站的高中压侧母线短路电流均会增加，如果原系统的短路电流接近断路器开断故障电流时的最大能力，新工程投产后就会使得短路电流水平超过原有断路器的开断能力，则断路器不能开断短路电流，故障发生时，会因切断电弧失败而爆炸，因此，在每个750kV发输变电工程新设备启动前，均需要计算它投产后的新系统的短路电流水平，从而指导运行，为系统运行方式调整提供理论依据。

除计算750kV发输变电工程新设备启动后的相关变电站系统短路电流外，还要计算新增主变压器三侧发生短路时，流过没发生短路的主变压器另外两侧母线的短路电流，以此验证继电保护定值是否合理，能否能够满足在主变压器三侧发生故障时继电保护正确动作。在新设备启动过程中，主变压器高低压侧带电，中压侧未带电，此时低压侧发生短路时，流过主变压器高压侧母线短路电流会较小，若相关线路及变压器继电保护定值设置不合理，则可能导致相关断路器拒动从而损坏电力设备。具体算例不再详述。

2.2.1.8 750kV 发输变电系统潮流稳定 $N-1$ 计算分析

新设备启动过程是一个电力系统的过渡过程，在此过程中如果有相关变电站的线路、母线或主变压器跳闸，则有可能导致系统出现电压稳定问题或功角稳定问题，因此，对新投的工程进行潮流稳定 $N-1$ 计算分析是非常重要的。新投工程启动进行潮流稳定 $N-1$ 计算分析主要包括各种方式下，近区电网的主变压器、线路和机组等跳闸导致系统出现问题，下面举例进行详述。

某 750kV WB－TC 输变电工程在投产时是以过渡工程形式进行的，原因是由于 750kV WJQ 变电站在 WB－TC 之间，但是晚于 WB－TC 工程建成，因此，对需过渡过程进行潮流稳定 $N-1$ 计算。

在 750kV WB－TC 输变电工程投运后全接线方式下，发生 750kV WC 双线 WB 侧同杆跳闸，如图 2－7 所示，WB 侧跳闸后 WC 一线与二线均由 TC 变电站侧带，计算结果如表 2－7 所示。

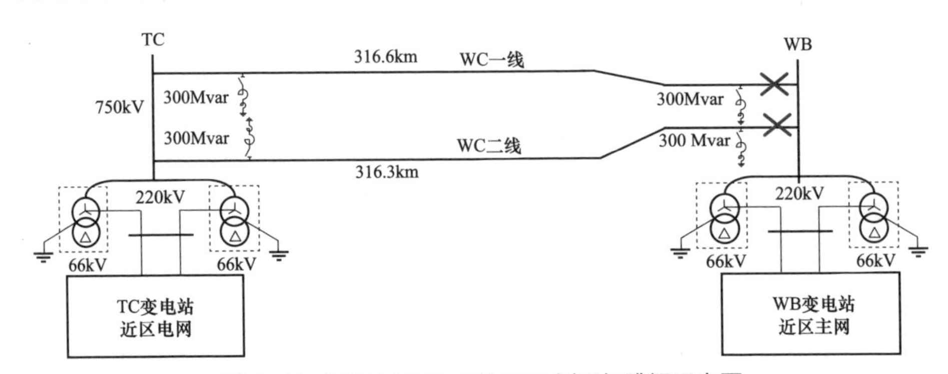

图 2－7　750kV WC 双线 WB 侧同杆跳闸示意图

表 2－7　750kV WC 双线 WB 侧同杆跳闸后相关变电站电压变化

变电站/线路	750kV 电压值（kV）			220kV 电压值（kV）		
	初始值	$N-1$ 之后	变化值	初始值	$N-1$ 之后	变化值
WB	782.3	776.6	－5.7	238.8 239. 7	238.2 239. 0	－0.6 －0.7
TC	781.2	859.2	78	235.3	254.1	18.8
WB－TC 一线 WB 侧	782.3	880.2	97.9	—	—	—

由表 2－7 可知，750kV WC 双线的 WB 侧及沿线电压超过 840kV。一旦

发生 WC 双线 WB 侧同跳，需要靠稳控动作切除 WC 双线 TC 侧开关。

750kV WC 双回线投运工作已经完成，TC 地区解环后，WC 双回线功率传输为 41 万 kW，潮流方向从 TC 到 WB，此时 WC 双线双侧跳闸后电压变化情况见图 2－8。

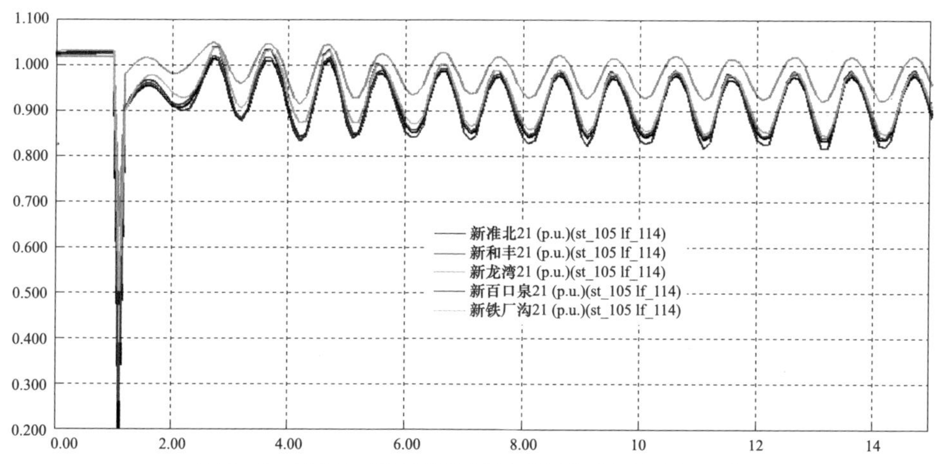

图 2－8　WC 双线双侧跳闸后 TC 地区各站电压变化

从图 2－8 可以看出，750kVWC 双线双侧跳闸后，TC 地区各 220kV 变电站系统运行电压呈现振荡态势，TC 地区电网可能崩溃。

在 750kVWC 双回线双侧跳闸后，考虑稳控动作切除 TC 地区 41 万 kW 的有功功率后，此时的 TC 地区各电压变化，如图 2－9 所示。

在 750kV WC 双线双侧跳闸后，考虑稳控动作切除 TC 地区 41 万 kW 的有功功率后，TC 地区各站电压普遍偏低，因此需要切除 TC 两台主变压器及其 66kV 侧低压电抗器，此时的 TC 地区各电压变化，如图 2－10 所示。

根据图 2－10 的计算结果可知，联切 TC 两台主变压器及其 66kV 侧低压电抗器后，TC 地区各 220kV 变电站的电压满足要求，系统在无扰动情况下可以稳定运行。

通过上述案例可以看出，750kV 发输变电系统潮流稳定 $N-1$ 计算分析是非常有必要的，通过计算分析可以发现新设备启动中和启动后的一些系统性问题，从而使调控运行人员提前采取防范措施，避免相关运行风险的发生，为电力系统安全稳定运行提供技术支撑。

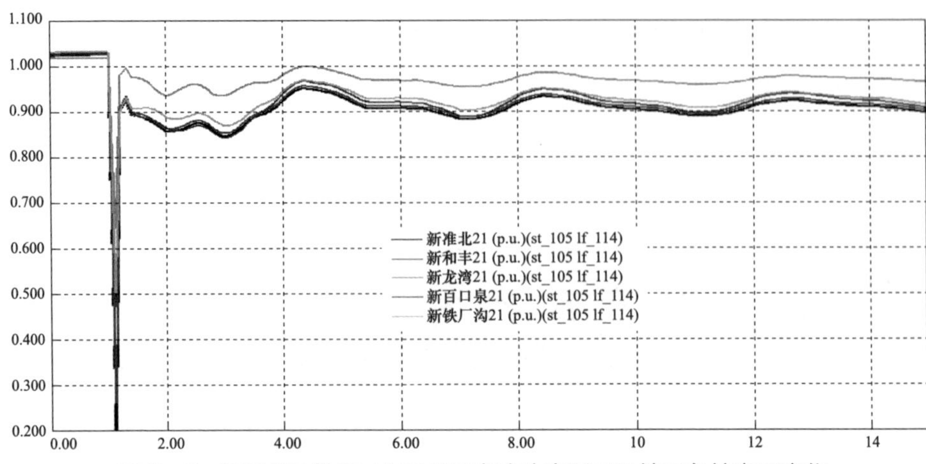

图 2-9　切除 TC 地区 41 万 kW 有功功率后 TC 地区各站电压变化

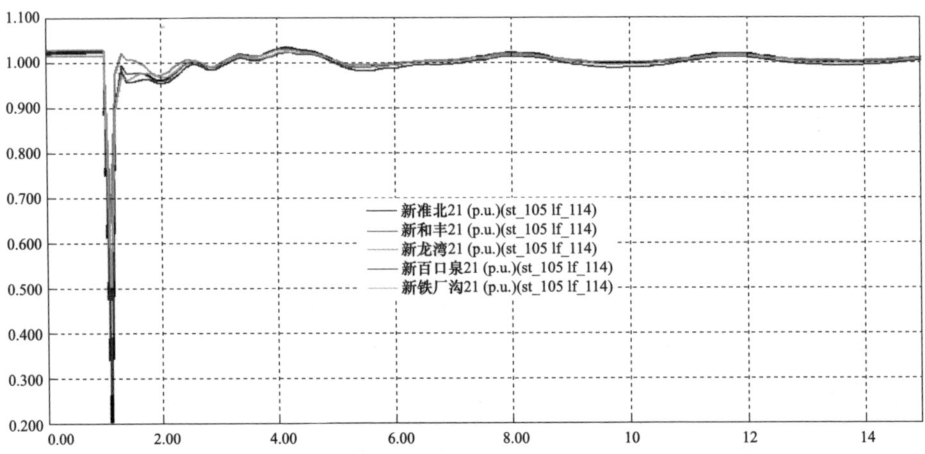

图 2-10　切除 TC 两台主变压器及其 66kV 侧低压电抗器后 TC 地区各站电压变化

2.2.1.9　750kV 发输变电工程主变压器直流偏磁风险评估分析

西北电网 750kV 发输变电工程主变压器直流偏磁风险评估分析工作是在天中特高压直流输电工程投产后开始进行的，在天中直流输电工程启动调试期间，哈密地区各变电站的主变压器均有不同程度的异响，经调查发现，这是由于天中直流在单极大地运行方式下，接地极被注入直流电流后部分电流经过各变电站接地点流入交流网造成各变电站主变压器不同程度异响。在这之后，直流接地极近区的新投 750kV 输变电工程的变电站直流偏磁风险评估工作就逐

步展开，下面详细说明直流偏磁原理。

直流偏磁的产生来自两个方面：一是直流输电工程单极大地回线运行或者双极不平衡运行时，入地电流导致地表电位发生畸变，从而在中性点接地变压器、输电线路和大地构成的回路中产生电流，如图 2－11 所示；二是地磁风暴产生地面感应电势，从而在中性点接地变压器、输电线路和大地构成的回路中产生电流。

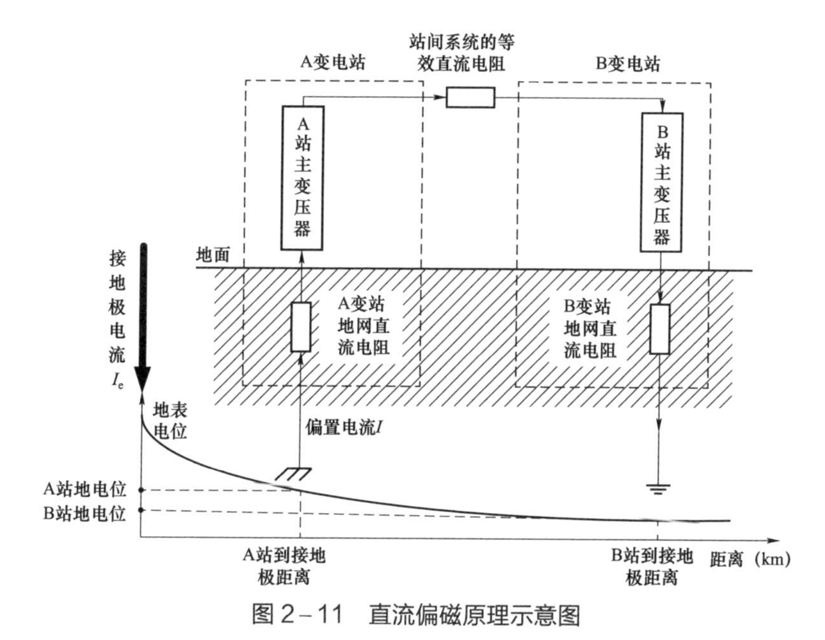

图 2－11　直流偏磁原理示意图

变压器直流偏磁现象的严重程度与地电位的畸变程度和整个回路的直流电阻有显著关联。由于回路直流电阻较小，所以在地电位偏置严重时将会对交流系统的产生严重影响，甚至可能造成变压器的损坏或继电保护的误动，长期的直流影响还会对地埋设施造成损害。

直流偏磁也是变压器的一种非正常工作状态，由于变压器的原边等效阻抗对直流分量只呈现电阻特性，且电阻很小。因此，很小的直流分量就会在绕组中形成很大的直流激磁磁势，该直流磁势与交流磁势一起作用于变压器原边，造成变压器铁芯的工作磁化曲线发生偏移，出现关于原点不对称，即变压器偏磁现象。《高压直流输电大地返回系统设计技术规程》（DL/T 5224—2014）中规定，根据 CIGRÉ 导则的建议和结合厂家提供的资料，变压器绕组允许通过的直流电流与额定电流有关，单相取额定电流的 0.3%，三相五柱取 0.4%，三相取 0.5%。可以看出，变压器绕组耐受直流电流的水平很有限。

因此，研究如何限制变压器绕组上的直流电流，对于确保电力系统及其他电力设备的安全运行将起到非常重要的作用。目前，抑制交流电网直流电流分布的措施主要有变压器中性点串联电阻法和变压器中性点串联电容法。直流电流是从变压器接地的中性点进入交流电网的，故增大中性点支路直流电阻或者隔断其直流通路是抑制直流电流进入电网的最有效手段。变压器中性点串联电阻法和变压器中性点串联电容法就是基于这一思想而提出的。

理论分析表明，中性点串联电阻抑直和电容法可能会造成交流电网局部（中性点和串联绕组）直流电流增大，但交流电网总体直流分布仍呈现下降趋势，但串入电阻阻值对目标变电站中性点直流电流和电网中性点直流总量存在“饱和效应”，即当电阻增大至某一程度时，直流电流不会明显下降。电阻阻值取无穷大时，电网直流电流分布和电容法相同。

目前，西北电网中各厂站的直流偏磁评估采用的软件是基于场路耦合法开发的交流电网直流电流分布计算软件。详细的计算原理参照中国电力出版社出版的于永军等编著的《现代电力系统直流偏磁仿真理论与应用技术》。

2.2.2 750kV 发输变电工程电磁暂态计算分析

电力系统发生故障或断路器合闸、分闸操作之后，将产生复杂的电磁暂态过程和机电暂态过程。前者主要指电力系统中各元件中电场、磁场及相应的电压、电流的变化过程，通常不计发动机和电动机的转速变化；后者主要指由于发动机和电动机电磁转矩的变化引起电机转子机械运动的变化过程。电力系统数字仿真分类如图 2－12 所示。

电磁暂态过程分析的主要目的在于，分析和计算故障或断路器合闸、分闸操作后可能出现的暂态过电压和过电流，以便对电力设备进行合理设计，确定已有设备能否安全运行，并研究相应的限制措施和保护措施。此外，研究新型快速继电保护装置的动作原理、故障点探测原理以及电磁干扰等问题，也需要进行电磁暂态过程分析，由于电磁暂态过程变化很快，一般需要分析和计算持续时间在毫秒级以内的电压、电流瞬时值变化情况，因此，在分析计算中需要

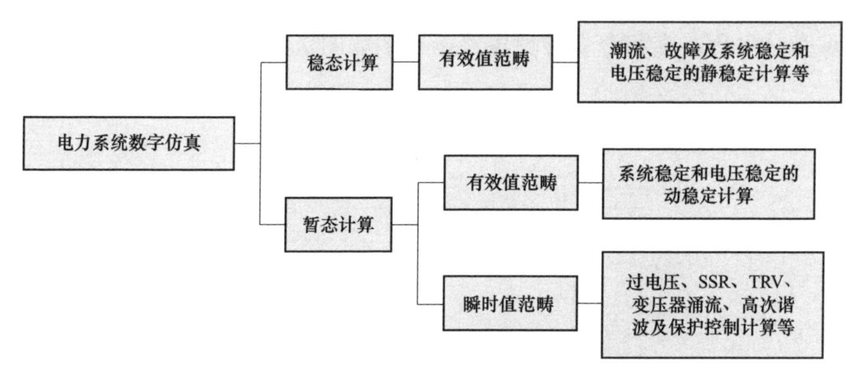

图 2-12　电力系统数字仿真分类

考虑元件的电磁耦合，计及输电线路分布参数所引起的波过程，有时甚至要考虑线路三相结构不对称、线路参数频率特性以及电晕等因素的影响。

电磁暂态过程的分析主要分为两类：一类是应用电磁暂态网络分析仪（Transient Network Analyzer，TNA）的物理模拟方法；另一类是数值计算（数字仿真），即列出描述各元件全系统暂态过程的微分方程，应用数值方法进行求解。随着数字计算机和计算方案的发展，现在已经研究和开发出一些比较成熟的数值计算方法和程序。其中，由 H.W.Dommel 创建的电磁暂态程序 EMTP（Electromegnatic Transient Program），经过许多人的共同工作不断改进和完善后，已具有很强的计算功能和良好的计算精度，并包括了发动机、轴系和控制系统动态过程的模拟，使之能用于各类电磁暂态问题分析。

针对 750kV 发输变电工程启动调试中（含系统调试）相关试验项目的安全、可靠操作，应用电磁暂态仿真计算程序开展相关研究，主要包括 750kV 输变电工程系统的工频过电压，750kV 输电线路的潜供电流、恢复电压，非全相运行过电压，750kV 空载线路三相合闸与单相分合操作过电压，750kV 空载变压器（电抗器）操作过电压，66kV 低压电抗器和电容器操作过电压等试验项目及问题的计算分析。

2.2.2.1　750kV 线路操作过电压计算分析

架空输电线路和电缆线路等分布参数电路与集中参数电路不同，电压 v 和电流 i 不仅是时间 t 的函数，而且是距离 x 的函数。因此，表示集中电路电压和电流的微分方程是常微分方程，而用于分布参数电路的是含有 t 和 x 两个变量的偏微分方程，多相分布参数电路示意图如图 2－13 所示。

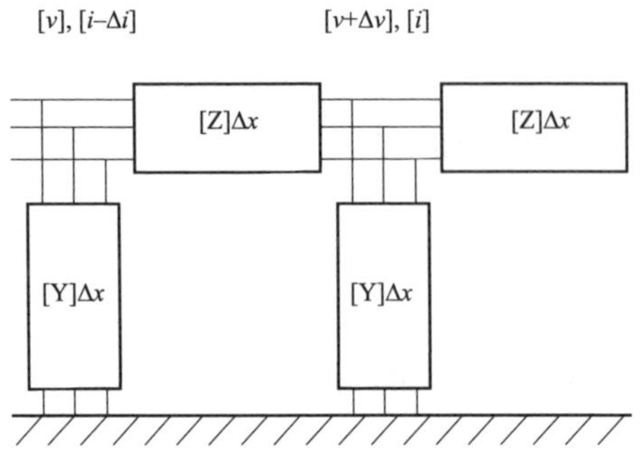

图 2－13　多相分布参数电路示意图

多相分布参数电路基本方程式为

$$\begin{aligned} -\frac{\partial}{\partial x}[v] &= [R'][i] + [L']\frac{\partial}{\partial t}[i] \\ -\frac{\partial}{\partial x}[i] &= [G'][v] + [C']\frac{\partial}{\partial t}[v] \end{aligned} \qquad (2-11)$$

式中　$[v]$、$[i]$——电压和电流向量；

$[R']$——单位长线路的电阻；

$[L']$——单位长度线路的电感；

$[G']$——单位长度线路的电导；

$[C']$——单位长线路的电容矩阵。

电力系统采用长线路将能源中心发出的电能输送到各个用户，长线路的具体形式有架空输电线路和电缆线路，每一小段线路都呈现出自感和对地电容，具有分布参数的电路元件。当电力系统中某一处突然发生雷电过电压或操作过电压时，这一变化并不能立即在系统中其他各个点出现，而是以电磁波的形式按一定的速度从电压或电流突变点向系统的其他部位传播，由于电路参数的改变，将引起波的折射和反射，即输电线路的波过程。这需要详细地、有针对性地采取相应的仿真模型来进行计算相关内容。

在电力系统稳态分析中，电力线路数学模型是以电阻、电抗、电纳、电导表示其等值电路。正常运行的电力系统一般是三相对称的，而且架空线路一般都已整循环换位，因此可以用单相等值电路代表三相。严格说来，电力线路的

参数是均匀分布的，对于不太长的线路参数的分布性影响不大，因此可以利用等值电路来分析。对于长电力线路不能采用集中参数模型，必须采用解多导体线路波动方程来实现。

电力系统中，空载线路合闸是个电气操作过程，就是供电设备在空载时并入电网的过程。空载线路合闸会产生过电压而损坏用电设备，而空载合闸是一种常见的操作过电压。操作过电压幅值取决于多种因素，包括断路器类型（有无合闸电阻、选相合闸装置等）、合闸线路电源侧的系统特性、合闸线路长度与无功补偿情况等。操作过电压通常分为两种情况，即正常操作和自动重合闸。由于初始条件的差别，重合闸过电压的情况更为严重。近年来，由于采用了各种措施（限制线路合闸和单相重合闸过电压的主要措施包括断路器采用合闸电阻或装设金属氧化物避雷器，也可使用选相合闸等措施）限制或降低了其他幅值更高的操作过电压，空载线路合闸过电压的问题就显得更加突出。

合闸电阻的示意图如图 2－14 所示。一般而言，带合闸电阻的断路器进行合闸操作顺序为：触头 K1 先投入，一定时间（10ms）后，触头 K2 投入，将合闸电阻短接。断路器合闸电阻接入和退出（合闸电阻短接）两个过程都会产生过电压。在接入时，合闸电阻越大过电压越低；在退出时，合闸电阻越大过电压越高。在两个过程中，合闸电阻阻值对过电压的影响是相反的。

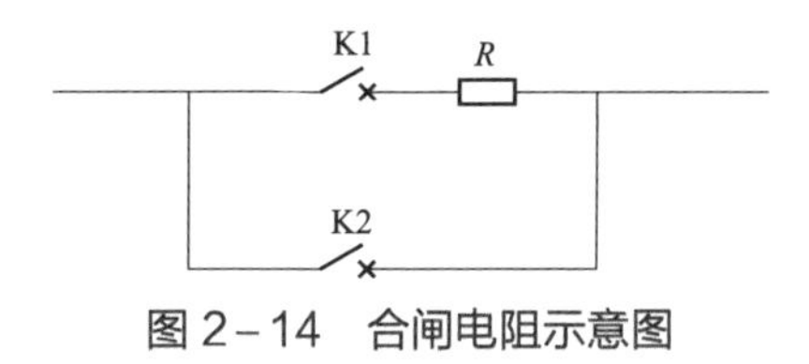

图 2－14　合闸电阻示意图

1985 年以前，500 千伏 kV 断路器全部装合闸电阻。我国和国外运行经验表明，运行时间长的合闸电阻操作机构有相当大的比例存在缺陷和故障，甚至多次发生因断路器主触头不能及时短接合闸电阻，造成合闸电阻爆炸，其外瓷套碎片横飞，损坏断路器和周围设备。同时，合闸电阻使断路器成本增加。武汉高压研究所于 1992 年开始 500kV 线路断路器取消合闸电阻的研究，已对上百条新建 500kV 输电线路断路器取消合闸电阻进行了研究，取消了大部分线路（70%以上）断路器的合闸电阻，取得明显的经济效益，并提高了断路器运行可靠性。而带合闸电阻的断路器却发生多次事故。500kV 系统发展，线路长度相对缩短，合空线过电压一般不高；由于氧化锌避雷器优良的伏安特性，使得取消线路断路器合闸电阻而仅用氧化锌避雷器限制操作过电压成为可能。运行经验表明，此措施是安全的、经济的和合理的。

750kV 线路断路器绝大部分都装有合闸电阻限制操作过电压，计算 750kV 线路操作过电压时，三相合闸分散性按正态分布考虑，不同期时间不大于 5ms，断路器合闸电阻投入时间亦然（统计操作合闸次数为 100～120 次），计算高压电抗器中性点小电抗在不同挡位的情况下，线路两侧单相分合（模型线路实际运行中的单相重合闸操作）的操作过电压，同时分析合闸电阻吸收的能量和变电站母线侧及线路侧金属氧化物避雷器（metal oxide arrester，MOA）最大吸收能耗，确定是否满足相关标准和规范要求。

通过对操作过电压的计算，可以考察线路高压电抗器中性点短时工频电压耐受能力和绝缘水平，以及考察高压电抗器中性点小电抗在不同挡位时，线路两侧高压电抗器中性点小电抗最大电流峰值是否与厂家生产的小电抗技术参数匹配。

2.2.2.2 750kV 主变压器操作过电压及励磁涌流计算分析

1. 产生机理

当单台变压器空载合闸时，由于其磁链不能突变，从而产生非周期磁链，使得励磁支路饱和，出现励磁涌流，涌流波形偏向时间轴一侧，具有间断角，在第一个周期达到最大值，以后慢慢衰减至稳态运行情况。

以单相变压器为例来说明变压器励磁涌流的产生机理。单相变压器空载合闸等效电路如图 2－15 所示，L_1、R_1 分别为变压器 T_1 的励磁电感和线圈电阻，假设变压器不饱和时励磁电感无穷大，R_s、L_s 分别为系统和电阻、系统电感与变压器漏感之和。

设电源电压为正弦电压，即

$$u_s = U_m \sin(\omega t + \alpha) \tag{2-12}$$

当空载单相变压器突然投入无穷大电源（电源内阻抗为零）时，忽略变压器的漏抗，并令变压器一次绕组匝数 N=1，则有

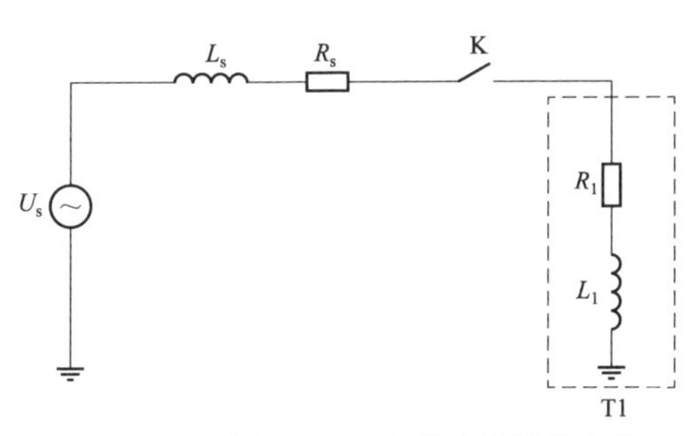

图 2－15 单相变压器空载合闸等效电路

$$\mathrm{d}\phi / \mathrm{d}t = U_{\mathrm{m}} \sin(\omega t + \alpha) \tag{2-13}$$

$$\phi = -\frac{U_{\mathrm{m}}}{\omega}\cos(\omega t + \alpha) + C \tag{2-14}$$

式（2－14）中积分常数 C 是由合闸初始条件（t=0）的铁芯剩磁ϕ_r决定的，即

$$C = \frac{U_{\mathrm{m}}}{\omega}\cos\alpha + \phi_{\mathrm{r}} \tag{2-15}$$

因此空载合闸的铁芯磁通为

$$\phi = -\phi_{\mathrm{m}}\cos(\omega t + \alpha) + \phi_{\mathrm{m}}\cos\alpha + \phi_{\mathrm{r}} \tag{2-16}$$

其中，ϕ_m=U_m/ω为对应电压 U_m 的磁通幅值。ϕ_m cos（ωt+α）称为稳态磁通，ϕ_m cosα+ϕ_r 称为暂态磁通。

为了得到空载合闸励磁涌流，可利用变压器铁芯的磁化曲线，用作图法求解，如图 2－16 所示。

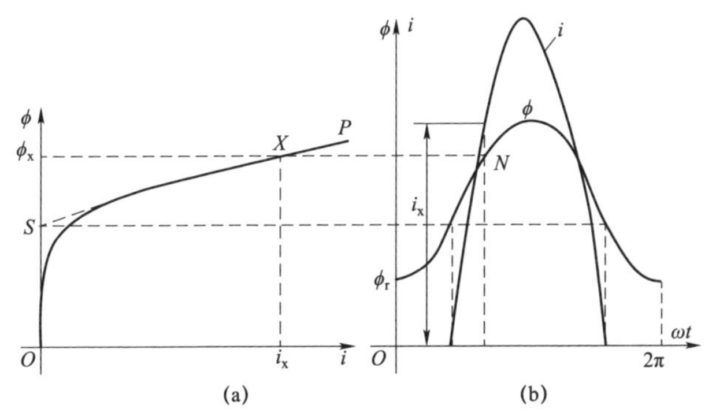

图 2－16 作图法求解单相变压器励磁涌流

（a）磁化曲线；（b）励磁涌流

当磁通$\phi<\phi_s$（ϕ_s为饱和磁通）时，变压器铁芯不饱和，励磁电感无穷大，电流等于 0；当$\phi>\phi_s$时，变压器铁芯饱和，励磁电感迅速减小，从而产生了励磁电流。分析可知，励磁涌流是由变压器空载投入产生的暂态磁通引起的。由于磁通不能突变，在空载投入时，变压器不会饱和，要经过一段时间后才会产生励磁涌流，出现间断角。若不考虑变压器的损耗，暂态磁通不会衰减，励磁涌流呈周期性变化；若考虑变压器的损耗，暂态磁通逐渐衰减，使得涌流的幅值逐渐变小，直到涌流消失。

从以上的分析可知：

（1）当铁芯磁通不饱和时，励磁电流很小，通常不超过额定电流的 2%～5%；当铁芯磁通饱和后，励磁电流随着磁通的增大，而快速增大。

（2）在一个周波中，由式（2-16）可知，磁通最小值为$\left|\phi_m\cos\alpha+\phi_r\right|-\phi_m\leqslant\phi_r$，而剩磁$\phi_r$总是小于工作磁通$\phi_m$，也小于饱和磁通$\phi_s$，由此说明，在一个周波中，总有一段时间铁芯中磁通小于饱和磁通，此时励磁电流很小，励磁涌流出现间断角。

（3）由于$\phi_m<\phi_s$，饱和只可能出现在时间轴一侧，即励磁涌流偏移时间轴一侧，这种偏向一侧且有间断角的波形显得不对称，利用傅里叶级数对励磁涌流进行谐波分析，励磁涌流中含有多种谐波成分，其中二次谐波含量大，变压器差动保护常采用这些特征来判别励磁涌流。

三相变压器励磁涌流产生的基本原理与单相变压器相同。当三相变压器空载投入电网中，由于三相的接入初始相位角不同，每相产生的励磁涌流情况也不同，而变压器绕组连接方式及磁路结构的不同，对线电流中励磁涌流的大小和波形也有较大的影响。

2. 计算内容

投入空载变压器，既是运行中的一种操作方式，也是投产过程中用以考核变压器的一种常规试验方法。通常情况下，投入空载变压器 0.1s 以内反映的是短时操作过电压，幅值较高；0.3s 后则反映谐振过电压。当空载变压器投入系统时，由于变压器励磁特性的非线性特性，可能产生很大的励磁涌流，在电流波形中出现 3 次及以上的谐波。由于饱和效应，变压器电感也会做周期性变化，电感变化的频率是电源频率的偶数倍。若系统的自振频率与励磁电感的变化或某次谐波的频率很近，则可能产生幅值很高的谐振过电压，虽然幅值较操作过电压低，但有时这种谐振过电压会持续很长时间，导致金属氧化物避雷器吸收的能量过大而损坏。

对主变压器进行空载合闸操作，目的是了解并预测此种情况下的过电压水平，以及能否发生谐振，进而提出相应的限制措施。

2.2.2.3 750kV 母线高压电抗器操作过电压计算分析

母线高压电抗器一般用于补偿容性无功功率，一是需要研究变电站投入高压电抗器后，母线电压的降低水平；二是需要考虑运行中的高压电抗器，其电感电流较大，断路器将其强行截断后的过电压水平，如何安全可靠地切除高压电抗器。

现代电力系统的超高压输电线路，由于具有较大的分布电容，会产生过剩无功功率，从而引起末端工频电压升高。为此，常采用并联电抗器实现对容性无功功率的补偿，达到降低电压的目的。一方面在输电线路末端并联高压电抗器，另一方面则在变电站内主变压器低压侧并联低压电抗器。

由于高压电抗器投入基本不产生过电压，故在此只介绍高压电抗器切除情况。高压电抗器实际是一个较大的电感，正常运行时吸收一定的无功，并储存在电感内；电感切除时，其储存的能量通过回路电容迅速释放，转化为电场能。因回路电容很小，故会激发出较高的过电压。

此类过电压主要有：① 截流过电压，该过电压是由断路器开断时在电抗器电流过零前截断电流所产生的，波形类似于操作波；② 重燃过电压，该过电压是由于断路器开断时的瞬态恢复电压（transient recovery voltage，TRV）超过了触头之间间隙放电电压而造成重击穿，波形类似于雷电波。

过电压大小与断路器的特性有关。截流过电压水平取决于：① 断路器“截流数量级”特性；② 断路器等效并联电容；③ 断路器串联的断口数量。断路器重燃的概率取决于断路器截流后触头间介质恢复耐受电压的速度。多次重燃导致过电压升高的危险与重燃后断路器截断高频电流的能力相关。

图 2－17 给出了投切并联电抗器的等效电路。

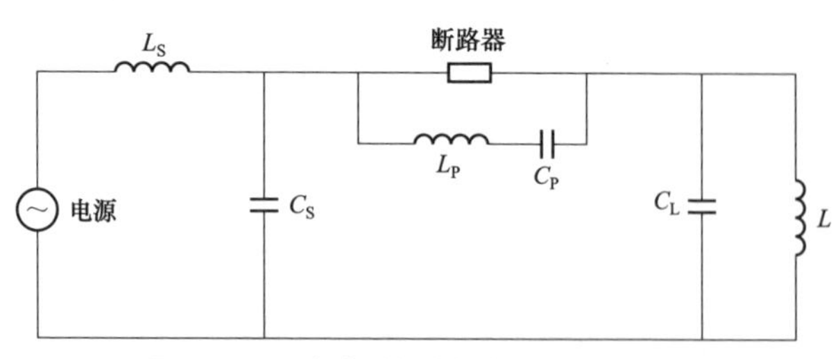

图 2－17　投切并联电抗器的等效回路

L_S—电源侧电抗；C_S—电源侧分布电容；L_P—断路器回路分布电感；C_P—断路器回路分布电容；C_L—并联电抗器分布电容；L—并联电抗器电抗值

在断路器触头间的灭弧过程中，介质的去游离作用往往呈现出冲击性和不稳定性，导致分闸回路产生冲击性电压变动，使得回路分布电容电感局部产生强烈振荡，由于电容电感数值小，振荡频率为数千至数百千赫兹。高频电流幅值可能超过被切工频电流的瞬时值，高频分量叠加在工频波上，工频电流在自然过零之前发生断弧。电抗器的大电感对高频电流相当于开路，而只允许通过工频电流，断路器在工频电流某一瞬时值 I_0 时强行开断，从而形成截流。

增大电容 C_t，使回路的特征阻抗下降，高频振荡电流会随之上升，断路器的总电流在更早时间过零点，截流值增大。此外，截断电流还与断路器的特性有关，一般灭弧能力越强，截流值越大；断口数越多，截流值也越大。

截流和随后的重燃可在电抗器上产生很高的暂态过电压。高压电抗器切除时截流过电压的产生过程见图 2－18。

图 2－18 中，各序号代表的含义分别为：① 表示开断电流；② 表示断路器断口电压；③ 表示电抗器电压；④ 表示电源电压；⑤ 表示由于重燃，开断失败；⑥ 表示高频电流振荡，导致截流；⑦ 表示截流前，弧压降增加；⑧ 表示有效截流水平；⑨ 表示电源侧电压；⑩ 表示断口第 1 次最高电压，断口抑制电压；⑪ 表示电抗器上抑制电压峰值，第 1 次最高电压；⑫ 表示断口第 2 次最高电压，瞬态恢复电压（TRV）；⑬ 表示电抗器上第 2 次最高电压。

断路器截流瞬间，电抗器电感和对地电容的储能开始振荡交换，即

$$\frac{1}{2}Li_{\mathrm{ch}}^2=\frac{1}{2}C_{\mathrm{L}}U^2 \tag{2-17}$$

振荡频率 f 为

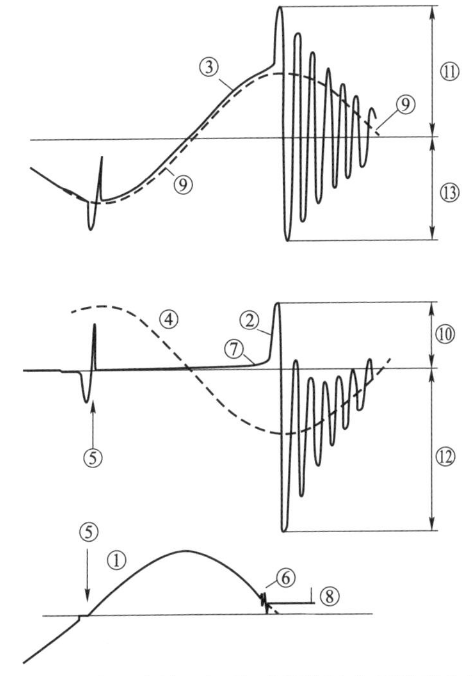

图 2－18　高压电抗器切除时截流过电压的产生过程

$$f=\frac{1}{2\pi\sqrt{LC_{\mathrm{L}}}} \tag{2-18}$$

式（2－17）中，U 为截流产生的过电压。一般来讲，油浸式电抗器的分布电容较大，过电压受截波的影响较小。f 数量级一般为 1～5kHz。

图 2－19 给出了切除某母线高压电抗器的计算和实测波形。

为限制在切除高压电抗器可能出现过高的过电压幅值，可选择以下措施：

（1）氧化锌避雷器。无间隙氧化锌避雷器保护水平与电抗器绝缘水平的配合裕度系数取 25%。断路器截断电流很大时，产生的截波过电压若超过避雷器的伏安特性，则避雷器可吸收部分电抗器的电感储能，其能耗不大，电抗器过电压仍是振荡性质的，有可能发生断路器重击穿。但避雷器能够减小断路器“截流窗”，降低断路器 TRV。避雷器的布置应尽可能靠近电抗器，以降低重燃过电压。

（2）分闸电阻。断路器装分闸电阻可限制高幅值的截流过电压。分闸电阻转移主触头截断电流，降低了截断电流的幅值，成为“软截断”，也就降低了

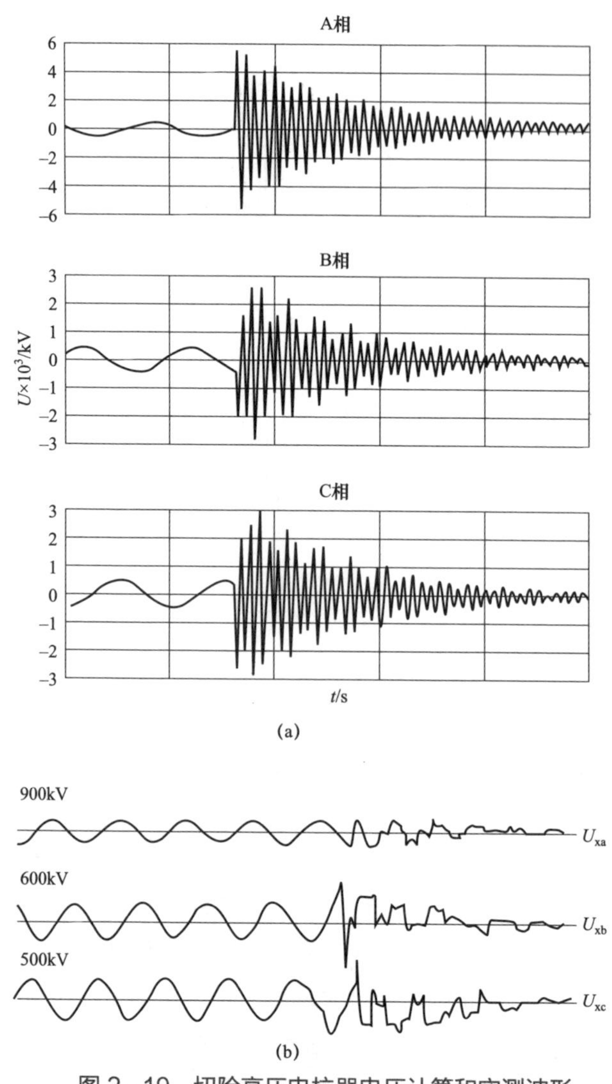

图 2－19　切除高压电抗器电压计算和实测波形

（a）切除高压电抗器仿真计算波形；（b）切除高压电抗器现场实测波形

截流过电压。

（3）断口装避雷器。断路器断口装氧化锌避雷器可限制 TRV，可防止断路器重燃和降低重燃过电压。

（4）选相分闸装置。断路器选相分闸装置可消除断路器重燃。选相分闸装置准确同步于电源电压相位，以便将燃弧时间减至最小并在触头分离后电流第一次过零时截断电流。但选相分闸装置要求电源侧装电压互感器，并考虑温度变化和操作机构老化等因素对机械操作时间的影响。

2.2.2.4 750kV 主变压器 66kV 侧无功补偿装置操作过电压计算分析

1. 低压并联电抗器

并联电抗器是一种感性无功补偿设备，可以吸收系统中过剩的无功功率，避免电网运行电压过高。一般大型三绕组变压器的第三绕组可作为带负荷的绕组，作为地区性电源或接补偿装置。750kV 等电压等级的变电站常在主变压器的低压侧接低压电抗器作为无功补偿装置，其作用是吸收电网中的容性无功功率，达到调节系统电压的目的，保证电网安全稳定运行。低压电抗器接在主变压器低压侧，比高压电抗器投切方便、灵活，但低压电抗器不能限制线路上的潜供电流，而且变压器停运或检修时，所连的低压电抗器也将随之退出，失去补偿作用。在研究过程中，计算并联电抗器合闸时的过电压，是否符合《交流电气装置的过电压保护和绝缘配合》（DL/T 620—1997）给定的允许值。其过电压产生的原理同 2.2.2.3 节所述，不再赘述。

2. 低压并联电容器

低压并联电容器装置具有简单经济、方便灵活等优点，在无功补偿中得到了广泛应用。但并联电容器是储能设备，内部的工作场强很高，对冲击过电压和高频电压冲击波都非常敏感，一旦发生故障，极有可能引起恶性爆炸事故；此外，并联电容器投入或切除时产生的暂态过电压会危害并联电容器的性能，一般通过金属氧化物避雷器来限制过电压；由于真空断路器投切并联电容容易产生较大的过电压，可能达 2.8～3 倍，目前现场大多使用 SF_6 断路器来防止真空断路器触头弹跳引起的过电压。下面详述低压并联电容器操作过电压计算原理。

假定低压并联电容器三相分闸时间完全相同，每相电容完全相同，则三相电路按照单相电路分析。图 2－20 为电容器投切单相等值电路，G 为电源，L_s 为电源电感，C_0 为母线对地电容，L_0 为串联电抗器电感，

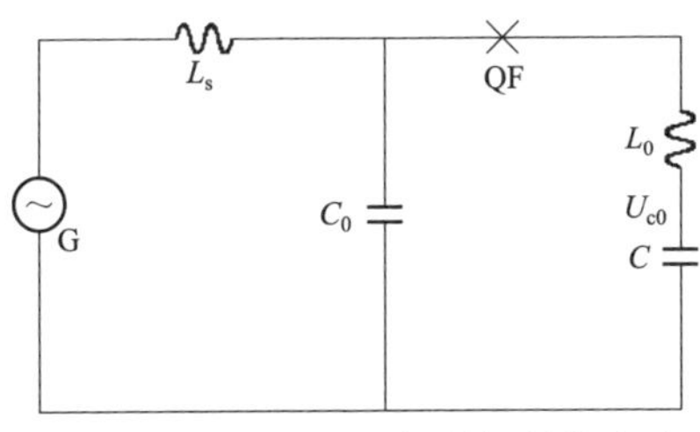

图 2－20 电容器投切单相等值电路

C 为并联电容器组每相的电容（$C>>C_0$），假设电源电压为 $u=U_m\sin(\omega t+\phi)$，分闸前电容 C 上的残压为 U_{c0}，则对图 2－20 可列写入下方程

$$LC\frac{d^2U_c}{dt}+U_c=U_m\sin(\omega t+\varphi) \quad (2-19)$$

解微分方程，可得

$$U_c=U_m+\left(U_{c0}-U_m\cos\omega t\right)\cos\omega_0 t \quad (2-20)$$

其中，$\omega_0=\sqrt{\frac{1}{LC}}$，$L$ 为等效电感，$L=L_s+L_0$。

从式（2－20）中看出，并联电容器组分闸的最高电压是 $\cos\omega_0 t=1$ 时，因此得并联电容器组分闸时的最高电压为

$$U_{cmax}=U_{c0}+U_m\left(1-\cos\omega t\right) \quad (2-21)$$

式（2－21）中，U_{c0} 是开关分闸后，残留在开关并联电容器组侧端子上的电荷电压；U_m（$1-\cos\omega t$）是开关分闸后，开关系统侧电压，此电压随系统的频率变化而变化，由 0～$2U_m$ 周而复始。若开关分闸时刻为 $\phi=90°$、$t=0$，分闸瞬间，残留在开关并联电容器侧上的电压经过半个周波后，即 $t=0.01$s 时，分闸后的开关两极间发生电压击穿（重燃），因此，从式（2－21）得

$$U'_{cmax}=U_{c0}+U_m[1-\cos(2\pi f\times 0.01)]=U_{c0}+U_m(1+1)=3U_{c0}\text{ 或 }3U_m \quad (2-22)$$

如果第一次重燃后，开关两极间立即断弧，开关处于瞬间断开状态。此时，残留在并联电容器组侧端子上的电荷电压增加了 2 倍，即 $3U_{c0}$。再过半个周波时，又发生重燃，则式（2－21）变为

$$U''_{cmax}=3U_{c0}+U_m[1-\cos(2\pi f\times 0.01)]=3U_{c0}+U_m(1+1)=5U_{c0}\text{ 或 }5U_m \quad (2-23)$$

依次类推，即可得到并联电容器组第二次及以后的分闸过电压为 $7U_m$、$9U_m$、…。目前变电站并联电容器用断路器大部分采用 SF_6 断路器，也存在使用真空断路器情况。若需要使用真空断路器，应当使之通过老练试验，以最大程度上限值重燃概率；除此之外，还可在并联电容器与串联电抗器间加装了金属氧化物避雷器，以降低操作并联电抗器过电压倍数。根据以上的推导，在断路器不发生重燃的条件下，分闸并联电容装置最大操作过电压倍数不超过 3 倍。

图 2－21 给出了某变电站低压侧切除 1 组 66kV 低压电容器组计算波形和现场实测波形。

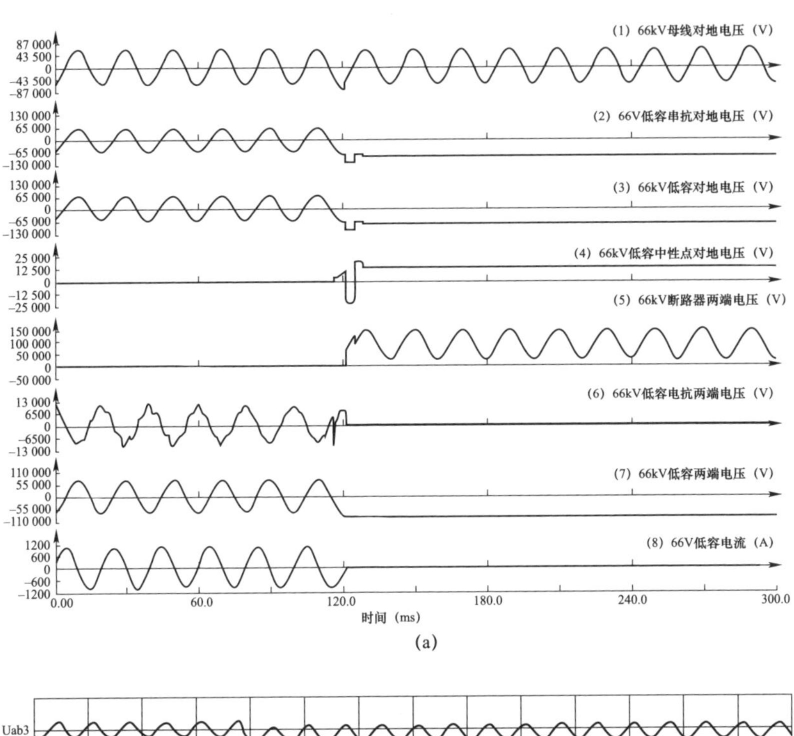

(a)

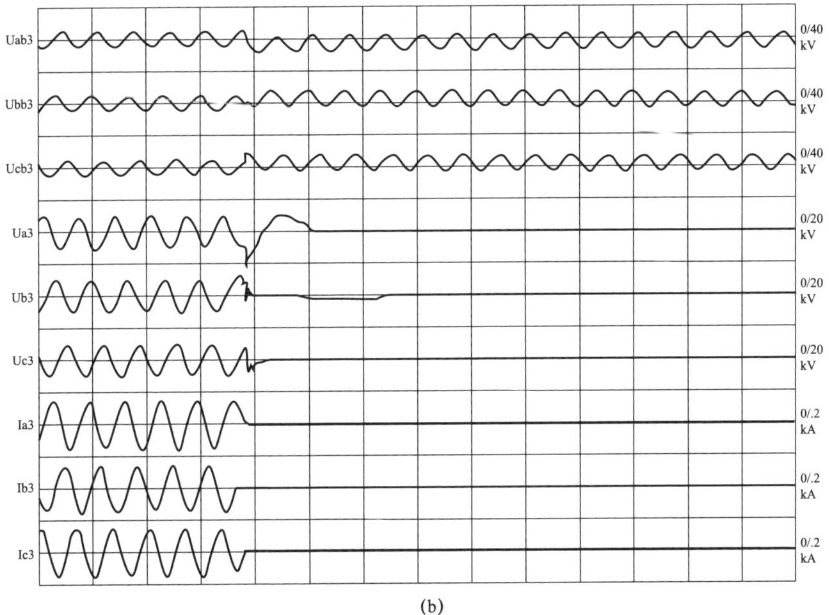

(b)

图 2－21 切除低压侧电容器组计算和实测波形

（a）切除一组低容仿真计算波形；（b）切除一组低容现场实测波形

2.2.2.5 750kV 线路潜供电流和恢复电压计算分析

在我国超/特高压输电系统中，为了提高供电的可靠性，广泛采用单相重合闸技术。但当线路发生单相接地故障从系统中隔离后（接地故障相两侧断路器跳闸），由于相间互感和相间电容的耦合作用，故障点仍流过一定数值的接地电流，即潜供电流。

潜供电流包括容性分量和感性分量。容性分量是指健全相电压通过相间电容向接地故障点提供的电流，容性分量与线路运行电压有关，与线路上的故障点位置无关；感性分量是指健全相上的电流经相间互感在故障相上产生感应电动势，该电动势通过相对地电容及并联电抗器形成的回路，向故障点提供的电流，即为潜供电流的感性分量，感性分量不仅与线路健全相电流有关，还与线路上的故障点位置有关。

当弧瞬间熄灭后，由于相间的耦合作用，在弧道间出现恢复电压（电弧熄灭后，弧道两端的电压称为恢复电压），增加熄弧的时间，如果单相重合闸时间设置不当，可能导致自动重合闸失败，影响输电的可靠性。需要注意的是，对于同塔双回线路，不仅同回线路健全相供给潜供电流，另一回线路三相也供给潜供电流，使潜供电流增大。其原理如图 2-22 所示。

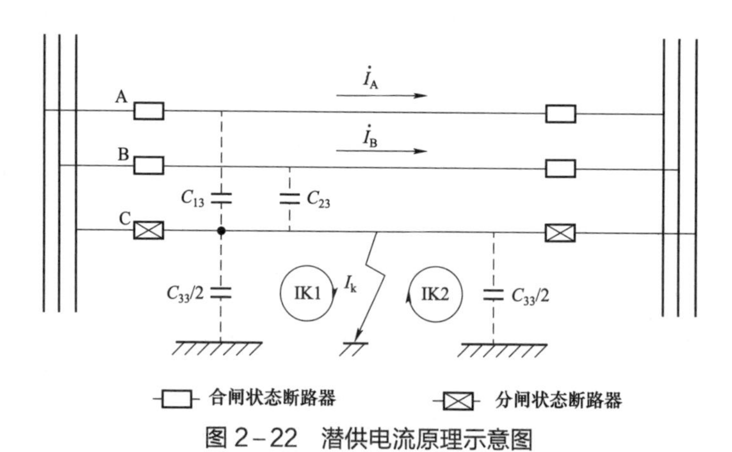

图 2-22 潜供电流原理示意图

一般而言，需要采取相应的措施来限制潜供电流。一是在并联电抗器中性点安装中性点小电抗，相当于加装了相间电抗，补偿相间电容，减小相间电容耦合，从而显著减小潜供电流容性分量；二是加装高速接地开关，该项技术在日本应用的较多。

我国超/特高压线路由于存在长度较长、有高压电抗器补偿、换位线路等特点，因此不适合采用高速接地开关。一般情况下，均采用中性点小电抗来限制潜供电流和恢复电压。

根据前文所说，在工程可研和投运前均需根据潜供电流和恢复电压的计算结果校核单相重合闸的时间。

超高压线路的潜供电弧能否快速熄灭，与特高压电力系统的稳定安全运行密切相关。超高压线路单相重合闸的无电流间歇时间取决于线路潜供电弧燃弧时间。一般有两种计算方法方法：① 苏联推荐公式；② 模拟试验研究提出潜供电弧自灭时限推荐值。

1. 苏联推荐公式

无电流间歇时间计算为

$$t=0.25\left(0.1I_s+1\right) \tag{2-24}$$

式中　I_s——潜供电流（有效值），A。

此公式的缺点是不考虑线路有高压电抗器补偿和无高压电抗器补偿的差异，未考虑恢复电压大小对无电流间歇时间的影响。

2. 模拟试验研究提出潜供电弧自灭时限推荐值

《交流高压断路器参数选用导则》（DL/T 615—1997）对于220～500kV线路规定了在1.5～2.5m/s风速范围内的潜供电弧自灭时限推荐值。

（1）有补偿的线路在恢复电压梯度为8～15kV/m时的潜供电弧自灭时限推荐值（概率保证值90%）如下：

10A，0.1s以下；

20A，0.1s以下；

30A，0.18s。

（2）无补偿线路在恢复电压梯度为16.8kV/m时的潜供电弧自灭时限推荐值（概率保证值90%）如下：

12A，0.3～0.5s；

24A，0.55～0.8s；

40A，0.7～1s；

50A，0.85～1.23s。

受实验能力的限制，更高的恢复电压下，所对应的潜供电流数据标准未能给出。恢复电压梯度高于实验值时，相同潜供电流下的熄灭时间要增长。DL/T 615—1997 给出的潜供电流熄灭后弧道介质恢复时间（指其弧道绝缘能力恢复到能承受系统重合闸后的系统电压）为 0.04s 以上，一般可选 0.1s，潜供电弧自灭时间加上弧道介质恢复时间是单相重合闸时间定值设置的核心参考因素，根据上述的结论，我国大多数电网可以采用 0.8～1s 的单相重合闸时间定值。

2008 年中国电科院进行了正常补偿（欠补偿）线路，恢复电压梯度为 20kV/m，潜供电流为 35A 的试验，结论为在 1.5～2.5m/s 风速范围内，潜供电弧自灭时限推荐值（概率保证值 90%）为 0.2s 左右，潜供电流 40A 时潜供电弧自灭时间增大到 0.7s 左右。过补偿情况下，潜供电流 18.4A 时，电压梯度在 20kV/m 及以下，潜供电弧能在 0.2s 内快速自灭；潜供电流 40A，电压梯度在 15～25kV/m 时，潜供电弧自灭时间为 0.644～0.937s。在高恢复电压梯度下（50.5kV/m），只要电流值在 7～8A 以下，电弧均能在 0.2s 内自灭。

2.2.2.6 750kV 线路工频过电压计算分析

工频过电压的大小能直接影响操作过电压的幅值，叠加情况下的过电压幅值会特别高，所以应从根源上限制工频过电压。此外，工频过电压还是决定线路安装的避雷器额定电压的重要依据。在超高压系统中，工频过电压不明显，研究意义不大，但是特高压系统的大容量和长距离特点，导致了自身的无功功率很大，每 100km 的特高压线路其无功功率可达到 530Mvar，这就导致线路因长距离的空载效应引起线路末端电压升高、线路在甩负荷时会引起电压升高、不对称故障时会引起电压升高。所以在特高压系统的规划设计中，将工频过电压控制在合理的水平之内是一个重要的研究课题。

在工频过电压研究中，取正常送电状态下甩负荷和在线路末端（或受端）单相接地故障下甩负荷作为确定电网工频过电压的条件，这两种故障方式下的工频过电压影响因素不尽相同。

（1）线路正常状态下甩负荷。此时影响工频过电压有三个因素：① 甩负荷前线路输送功率，特别是向线路输送无功功率的大小，它决定了送端等值电源电势 E' 的大小，线路输送无功越大，送端等值电势 E' 也越高，工频过电压也相对较高；② 馈电电源的容量，它决定了电源的等值阻抗，电源容量越小，阻抗越大，从而可能出现的工频过电压越高；③ 线路长度，线路越长，线路充电的容性无功越大，由空载长线的电容效应引起的工频过电压越高。

（2）线路末端有单相接地故障甩负荷。除了上面三种影响因素外，这类工频过电压还与单相接地点向电源侧看进去的零序电抗与正序电抗的比值 X_0/X_1 有很大关系，X_0/X_1 增加将使单相接地故障甩负荷过电压有增大趋势。X_0 与 X_1 由几部分组成：一部分是输电线路的正零序参数；另一部分是电源侧包括变压器及其他电抗。电源是发电厂时，X_0/X_1 较小；电源为复杂电网时，X_0/X_1 一般较大；当电源容量增加时，X_0/X_1 也会有所增加。

根据《交流电气装置的过电压保护和绝缘配合》（DL/T 620—1997）的规定，取正常送电状态下三相甩负荷和线路一侧有单相接地故障下靠近故障点侧断路器三相跳闸甩负荷作为确定电网工频过电压的条件。由于电力系统结构复杂，手工计算难度大，一般均通过仿真软件来计算。通过主流仿真软件计算分析，确定系统工频过电压水平是否满足按电力行业标准规定，即 750kV 电网的工频过电压水平线路侧不超过 1.4p.u.、母线侧不超过 1.3p.u.。

工频过电压的产生实质是由于充电电容的影响导致电压的升高。从整体布局考虑，合理的设计电网结构和建设网线、正规严谨的操作程序、中性点直接接地等措施都可以限制工频过电压。以下简单介绍几种常用的抑制措施：

（1）金属氧化物避雷器。当前运行的系统都不可避免的使用金属性氧化物避雷器，一般常用的是氧化锌避雷器。氧化锌避雷器的构造是由许多的氧化锌电阻片叠加而成，属于无间隙避雷器。其工作原理为：当避雷器上所加的电压达到其规定的起动电压时，电阻片才会被导通，导通后电阻上的电流几乎不变，与其残留的电压大小不相关；当电压恢复正常后，避雷器又呈现截断状态，呈高绝缘性，不存在电流。其工作特性特别适合于短期内能量大的电压升高的场合。

（2）并联电抗器。采用并联电抗器可降低线路的容性电流，抑制系统的电压升高。电抗器可以分为两种，一种是固定并联电抗器，另外一种是可控并联电抗器。固定电抗器并联后的电抗器不可调节，所以需要合理的设计补偿度。可控并联电抗器分为两大类：磁饱和式可控并联电抗器（MCSR）、变压器式可控并联电抗器（TCR）。磁饱和式可控并联电抗器的铁芯截面积是不均匀的，有一段是减小面积的，因此在调节过程中会发生磁路饱和的只有这一段减小面积的，其余铁芯部分均处于未饱和状态，这样的情况可以通过控制这段磁路的饱和程度来改变电抗容量的大小，因此得名磁饱和式。变压器式可控并联电抗器（TCSR）的形成是基于高阻抗变压器的原理，其特点为高阻抗、高漏抗。变压器的漏抗一般可达到额定阻抗，二次绕组同样反相并联晶闸管形成回路，控制原理同样是通过控制触发角来达到调整无功功率的需求。

（3）断路器附加分合闸电阻。在电力系统中，断路器附加分合闸电阻这种抑制措施一般用来抑制操作过电压，如空载线路合闸等。但当操作过电压和工频过电压叠加时，过电压现象更严重，所以从根本上来说也是对工频过电压的一种抑制手段。断路器附加分合闸电阻主要分为单级和多级，区别在于并联电阻的多少。一般在使用多级断路器附加分合闸电阻时，合闸的电阻应尽量小，分闸的电阻应大一些。根据国内外运行经验，学者们认为合闸时电阻用 400Ω，分闸时电阻用 800Ω。

（4）相控开关技术。相控技术是指断路器能够在指定的相位角处实现精准的开关操作，这种技术从理论上来说有很大的优势。对于不同的电气设备，最佳选择的合闸角都不大相同。如容性的负载希望在零点处合闸，而感性的负载则希望在峰值处合闸，因此就需要一个采样装置，在系统发出合闸的命令后，测量出系统电压或电流的波形，并尽量多的考虑周围环境的影响，计算出正确的合闸时间，也就是合闸相位。此外，由于断路器的绝缘程度会导致电弧问题，或者由于动作时间的分散性，以及温度或机械构造问题导致的时间延迟等问题，对修正角度增大了困难。随着现在技术的发展，断路器大部分都能满足要求，因此相控技术相比附加分合闸电阻，体现出巨大的优势。

2.2.2.7　750kV 线路谐振过电压计算分析

为了补偿超高压线路上产生的容性无功功率，以获得良好的电压质量，降低过电压，常在输电线路上串联电抗器用作无功补偿。但是一般情况下电抗器

的参数为某个特定值，若参数配合不当，当线路非全相运行时，带电相电压将通过相间电容耦合到断开相，则有可能出现谐振，在断开相上出现较高的工频谐振过电压，对高压电抗器的绝缘不利。线路单端补偿非全相运行过电压示意图如图 2－23 所示。

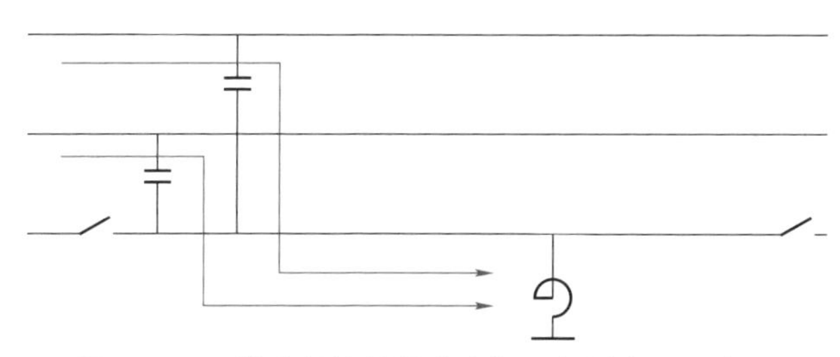

图 2－23　线路单端补偿非全相运行过电压示意图

一般而言，可采取加装小电抗措施进行消除此类过电压。在高压并联电抗器的中性点接入一接地电抗器，该接地电抗器的电抗值宜按接近完全补偿线路的相间电容的原则来选择，同时也应考虑限制潜供电流的要求和对并联电抗器中性点绝缘水平的要求。需要注意的是，对于同塔双回线路，回路之间的耦合会影响接地电抗器电抗值的选择。

通过讨论一相或两相开断的情况下，计算 750kV 线路发生单相、两相非全相运行时断开相和中性点小电抗工频电压最高，确定系统是否出现无工频谐振问题。在计算非全相谐振过电压时，需注意以下因素：① 线路参数设计值和实际值的差异；② 高压并联电抗器和接地电抗器的阻抗设计值与实测值的偏差；③ 故障状态下的电网频率变化。

2.2.2.8　750kV 线路感应电压和感应电流计算分析

当 750kV 同塔双回线路一回正常运行、另一回停运检修时，由于回路之间的耦合作用，在被检修线路上将会存在耦合电压。为了安全起见，在检修线路时，通常需要将该检修线路的两端接地，这样，在接地处将会流过一定的感应电流。如图 2－24 所示。

同塔双回线路的两回线路之间存在的静电感应、电磁感应。

静电感应主要是由导线间耦合电容引起的，带电导线通过电容耦合使得停

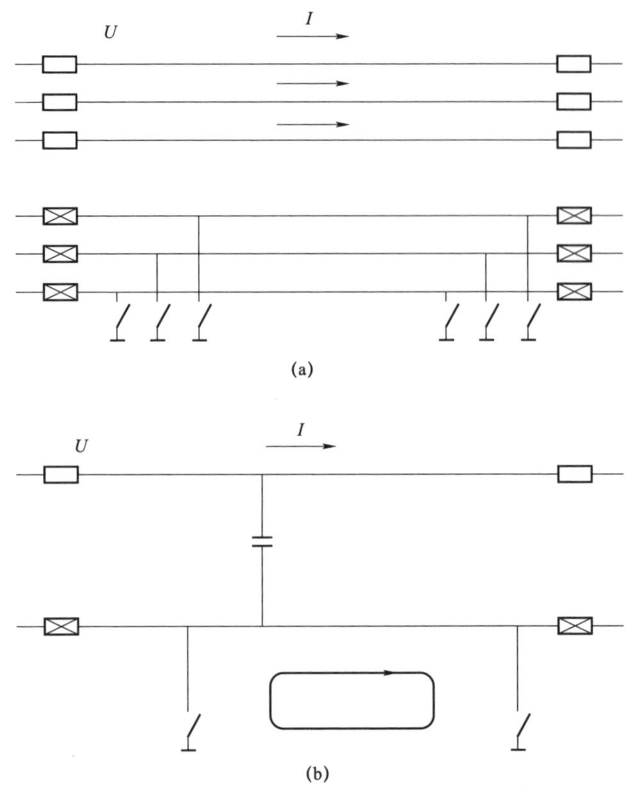

图 2－24　同塔双回线路感应电压和感应电流示意图

（a）双回线一回检修一回运行示意图；（b）单相等值图

电导线上感应出电压。静电感应电压的大小与线路电压等级及导线的布置密切相关，与线路长度及负荷电流的大小基本无关。其原理图如图 2－25 所示。

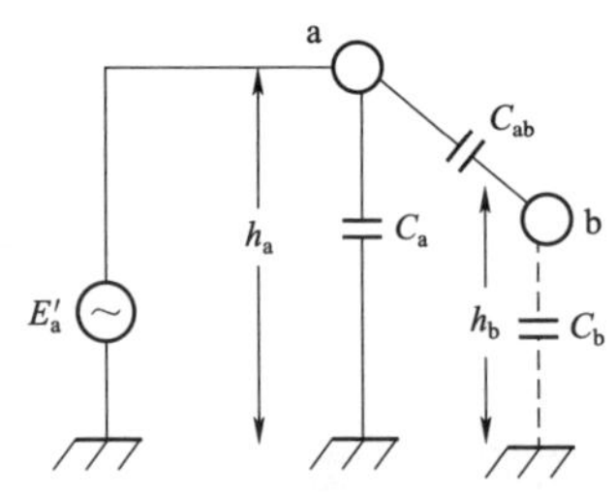

图 2－25　静电感应示意图

电磁感应是指回路间的磁耦合效应，电磁感应电压的大小取决于负荷电流、线路塔头布置方式，而与输电电压的数值无关。所以，电压等级相同的不同线路，其电磁感应电压也可能相差很远；即使同一线路，也会随着系统运行方式变更而变化较大。其原理图如 2－26 所示。

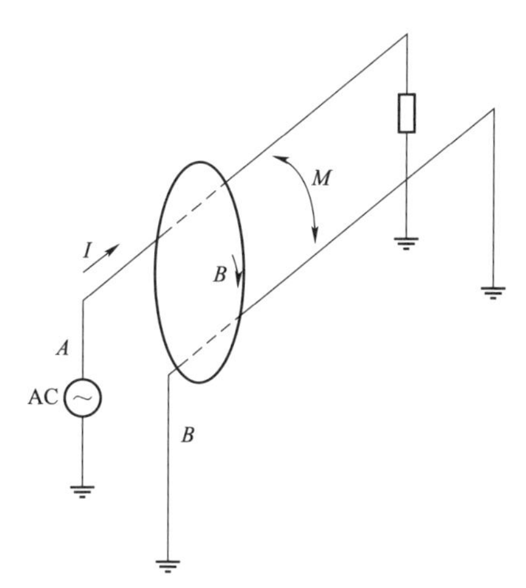

图 2－26　磁场感应示意图

对于 750kV 同塔双回线路，一回运行、一回停运检修时有：

（1）当停运回路在线路两端两点接地时，流过接地开关的电流、导线上的感应电压基本由双回线路间的电磁感应引起，且与运行回路输送负荷成正比（认为线路输电电压基本不变）。

此外当线路换位时，两回线路参数较平衡，流过变电站内接地开关的电流远小于线路不换位时。

（2）当停运回路在线路两端两点接地、线路中间某检修点接地时（即线路三点接地），流过接地开关的电流、导线上的感应电压、流过检修点接地线的电流也基本由双回线路间的电磁感应引起。

1）750kV 同塔双回线路较短，采取不换位的方式架设时，流过线路检修点接地线的电流为两侧接地开关流过电流的矢量和。由于线路不换位，检修点接地线两侧线路参数是一致的，检修点接地线流过电流数值很小。

2）750kV 同塔双回线路采取换位的方式架设时，流过线路检修点接地线的电流为两侧接地开关流过电流的矢量和。由于线路换位，线路参数整体是平衡的，而检修点接地线两侧线路参数是不平衡的，检修点接地线流过电流数值较大，且数值与检修点距变电站的位置有关。

在实际工程当中，750kV 同塔双回线单回运行、另一回线退出时，分别考虑退出一回线路两侧接地开关不同状态，对退出线路两侧感应电压和流经两侧接地开关的感应电流稳态值进行计算，确定线路的接地开关是否满足检修要求。

3 特高压直流送端交流系统启动案例

近年来西北地区特高压直流工程投产较多，西北电网作为送端电网所投产的特高压直流工程均为送端工程，一般情况下，特高压直流送端工程启动包括两部分：一是特高压直流工程交流系统启动，二是特高压直流工程直流系统启动。

本章针对特高压直流工程案例，依据系统调试潮流稳定、电磁暂态计算分析结果，提出系统调试项目，编制系统启动方案。启动方案包括各调试项目的试验目的、试验步骤、测试内容等。并且总结了上述工程启动过程出现的问题，针对出现的问题进行原因分析及给出处理措施，从而进一步给出经验启示及防范措施。

就特高压直流工程交流系统新设备启动方案而言，方案中各调试项目的试验目的一般包括：考核新开关投切线路及滤波器的能力；考核换流站交流系统线路继电保护在投、切空线时的状况；考核换流站交流侧开关及相关一次设备绝缘情况、避雷器动作情况；对换流站交流系统相关线路、变压器、母线进行核相，检查线路、变压器、母线电压互感器二次回路；校验换流站交流系统相关 750、500、66kV 开关的保护极性；校核换流站交流系统电压电流二次回路相量是否正确。一次设备启动的一般性步骤流程图如图 3－1 所示，系统合环操作的一般性步骤流程图如图 3－2 所示。

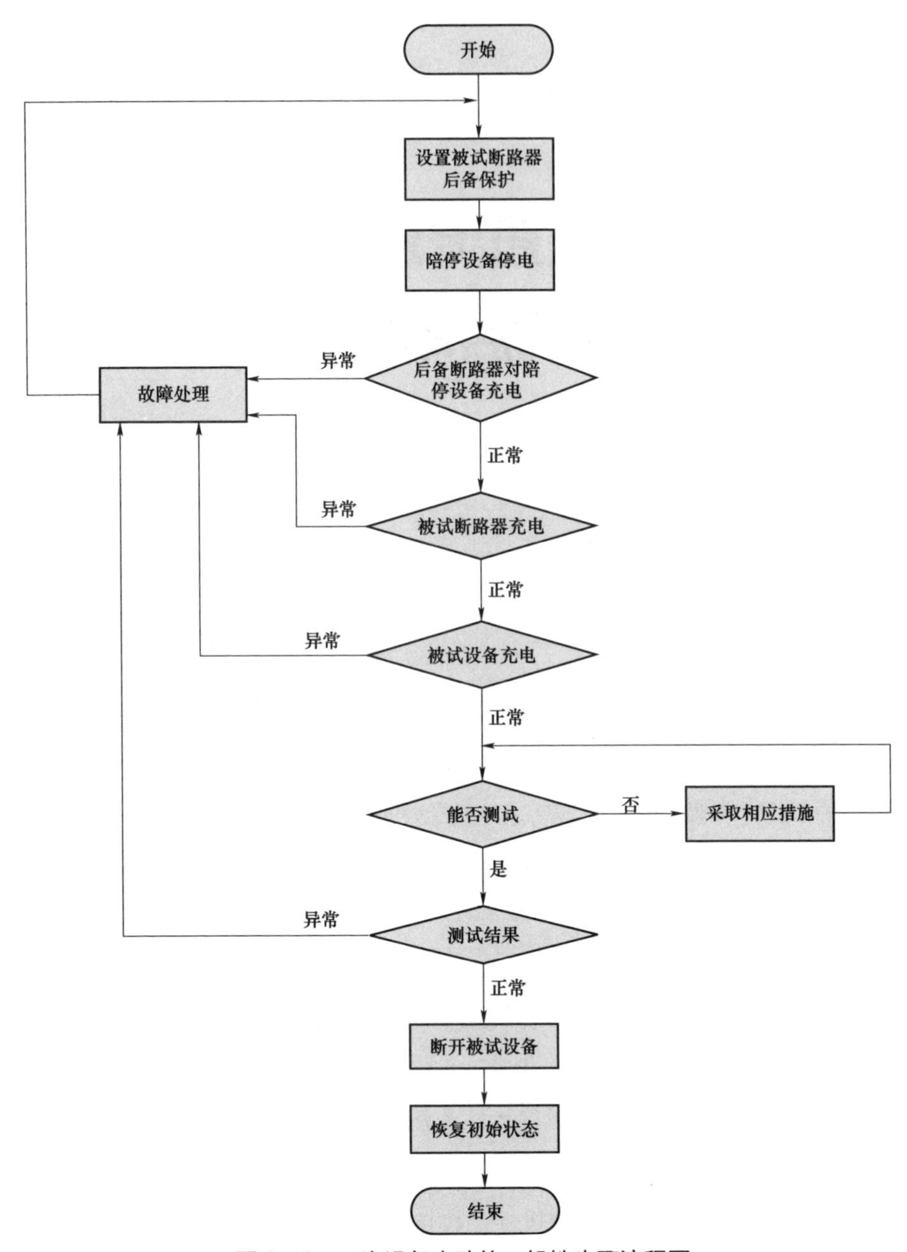

图 3－1　一次设备启动的一般性步骤流程图

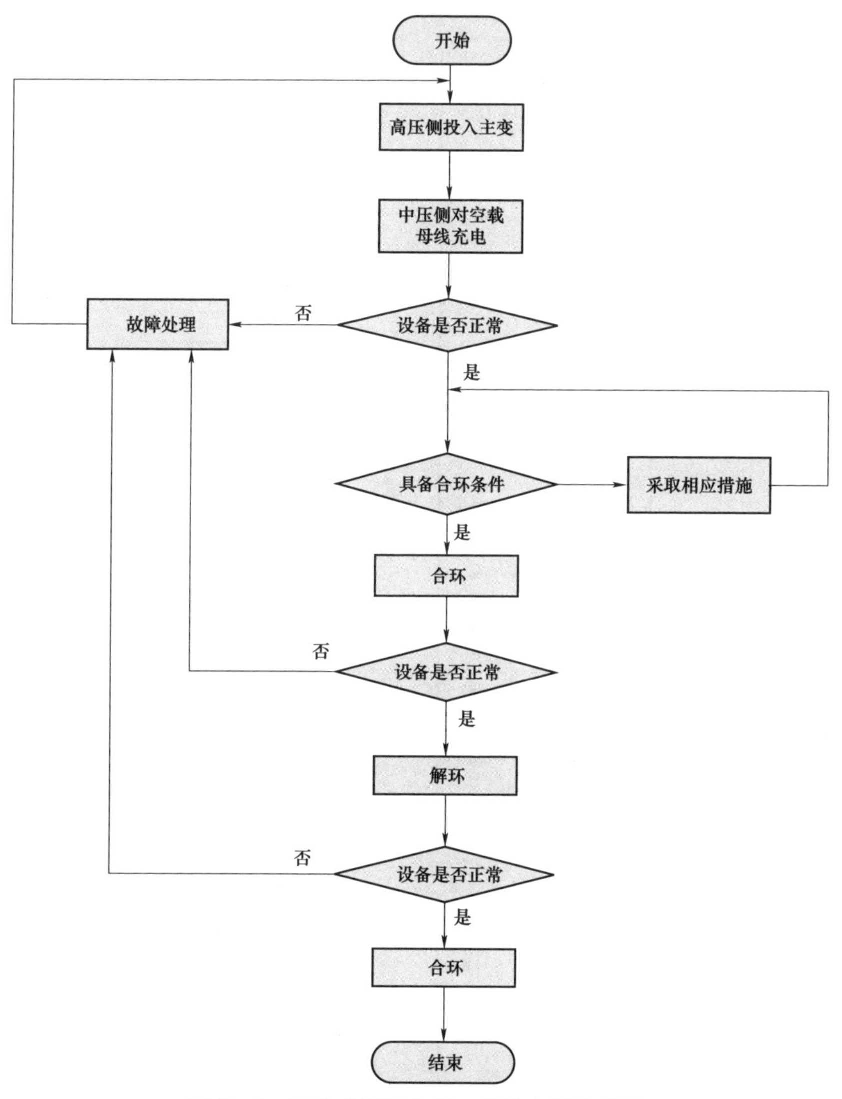

图 3-2 系统合环操作的一般性步骤流程图

3.1 特高压 JQ 直流送端交流系统新设备启动

3.1.1 操作步骤

750kV WCW 变电站、±1100kV CJ 换流站交流场主接线图如图 3-3 所示，

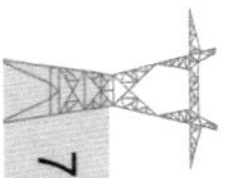

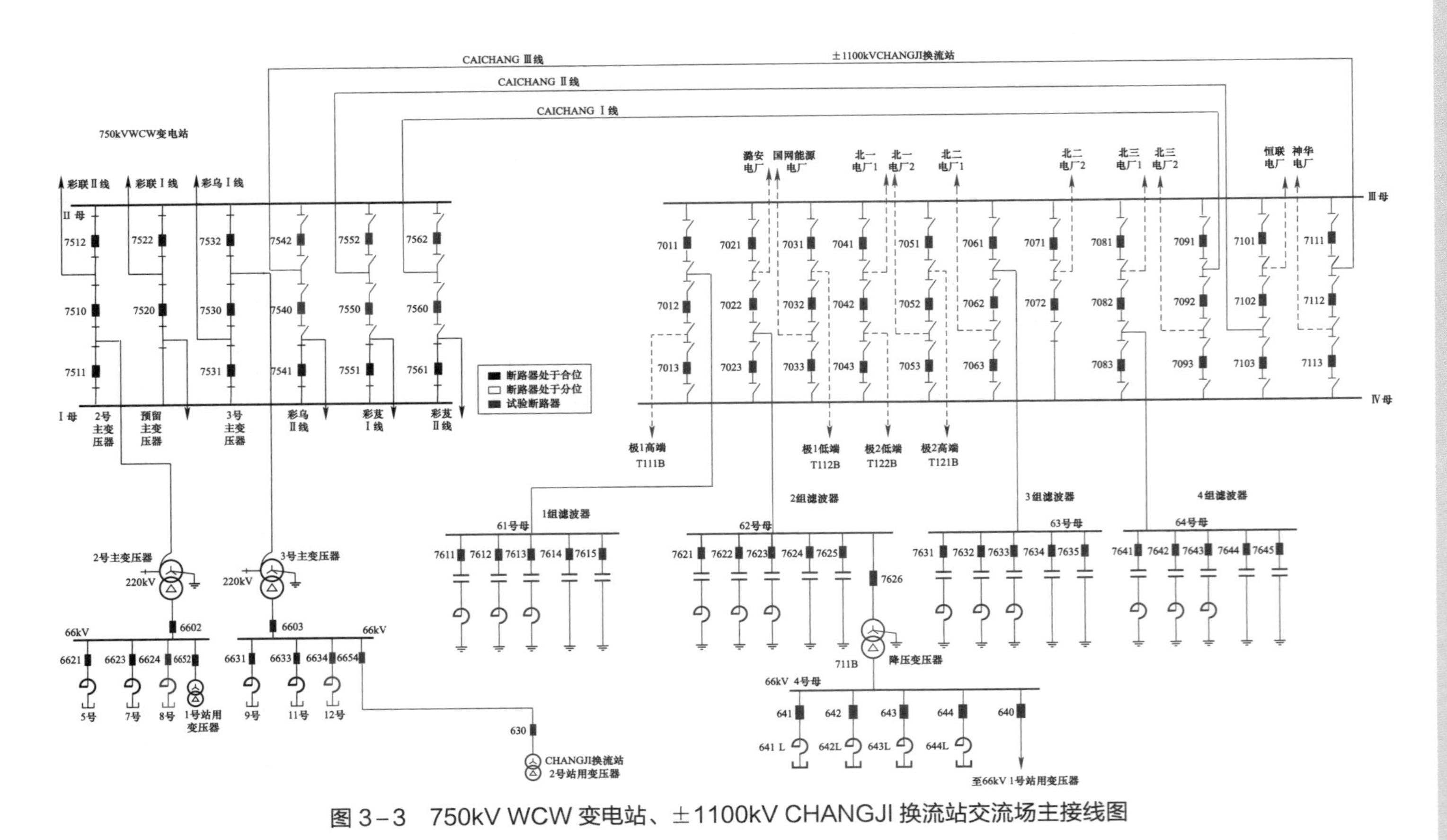

图 3-3　750kV WCW 变电站、±1100kV CHANGJI 换流站交流场主接线图

新建设备包括 750kV Ⅲ母、Ⅳ母，61 号～64 号四条分支 750kV 母线，第 1 串～第 11 串断路器（第 7 串断路器为不完整串，其余均为完整串断路器），十二组滤波器及其配套断路器，八组电容器及其配套断路器，一组降压变压器及其配套断路器，四组低压电抗器及其配套断路器，两组站用变压器及其配套断路器。750kV WCW 变电站新建 7542、7552、7562 断路器，两组低压电抗器及其配套断路器，三回 750kV 线路。

新设备启动项目共有 8 个大项：① WCW 变电站投切空载线路与 CJ 换流站 750kV 交流场第 1 串、第 9 串、第 10 串、第 11 串开关设备保护极性测试试验；② WCW 变电站与 CHANGJI 换流站 750kV 第 9 串～第 11 串开关同期合环试验；③ CJ 换流站 750kV 交流场第 2 串～第 8 串开关设备充电试验与保护极性测试试验；④ CJ 换流站投切 750kV 交流滤波器、降压变压器及低压电抗器试验；⑤ CJ 换流站空载谐波测量试验方案；⑥ CJ 换流站站内设备抗干扰试验；⑦ WCW 变电站投切 2 组低压电抗器；⑧ CJ 换流站投切 1 号站用变压器、2 号站用变压器。

项目 1：WCW 变电站投切空载线路与 CJ 换流站 750kV 交流场第 1 串、第 9 串、第 10 串、第 11 串断路器设备保护极性测试试验。

WCW 变电站利用 7512 断路器投充电保护，根据图 3－1，完成 WCW 变电站被试设备 7542、7552、7562 断路器，CJ 换流站交流场第 1 串、第 9 串、第 10 串、第 11 串断路器，7611 滤波器，750kV CAICHANG Ⅰ线、Ⅱ线、Ⅲ线的考核与测试工作。

项目 2：WCW 变电站与 CJ 换流站 750kV 第 9 串、第 10 串、第 11 串断路器同期合环试验。

（1）CAICHANG Ⅲ线带电。

（2）CAICHANG Ⅱ线带电。

（3）CHANGJI 换流站：CAICHANG Ⅲ线与 CAICHANG Ⅱ线涉及的第十串、第十一串开关同期合环试验。

（4）CAICHANG Ⅱ线停电。

（5）CAICHANG Ⅰ线带电。

（6）CHANGJI 换流站：CAICHANG Ⅲ线与 CAICHANG Ⅰ线涉及的第九

串开关同期合环试验。

（7）WCW 变电站：CAICHANG Ⅲ线与 CAICHANG Ⅰ线涉及的第六串的Ⅱ母侧边开关（7562）及中开关 7560 开关同期合环试验。

项目 3：CJ 换流站 750kV 交流场第 2 串～第 8 串断路器设备充电试验与保护极性测试试验。

WCW 变电站利用 7542 断路器投充电保护，CAICHANG Ⅲ线带电，根据图 3－1，利用第 11 串、第 1 串断路器及 7611、7612 滤波器完成 CJ 换流站交流场第 8 串、第 7 串、第 6 串、第 5 串、第 4 串、第 3 串、第 2 串断路器的考核与测试工作。

项目 4：CJ 换流站投切 750kV 交流滤波器、降压变压器及低压电抗器试验。

根据图 3－1，利用第 11 串、第 8 串、第 6 串、第 2 串、第 1 串断路器完成 CJ 换流站交流场第一大组滤波器、第三大组滤波器、第四大组滤波器、第二大组滤波器及其配套断路器、750kV 降压变压器、四小组 66kV 低压电抗器的考核与测试工作。

项目 5：CJ 换流站空载谐波测量试验。

本项目在二次屏柜后面接入电能质量测试设备进行测量。

项目 6：CJ 换流站站内设备抗干扰试验。

本项目利用对讲机或步话机，在二次保护小室与外部进行通信，考核保护设备是否收到无线电信号干扰。

项目 7：WCW 变电站投切 2 组低压电抗器。

根据图 3－1，完成 WCW 变电站被试设备两小组 66kV 低压电抗器及配套断路器的考核与测试工作。

项目 8：CJ 换流站投切 1 号站用变压器、2 号站用变压器。

根据图 3－1，完成 CJ 换流站被试设备 1 号站用变压器、2 号站用变压器的考核与测试工作。

3.1.2 遇到的问题

（1）GIS 出线侧交流避雷器监视器读数超标。

（2）变电站后台监控系统中，关于某组交流滤波器的不平衡电流监视，存在信号不匹配情况。

（3）交流滤波器中的单支电容器有损坏情况。

（4）交流场故障录波器采集到开关量动作信号，实际并未动作。

（5）第三大组第五小组滤波器不平衡系数定值校正不成功。

（6）故障录波未录到交流滤波器不平衡电流。

（7）交流场电压互感器二次回路接线有错误。

（8）66kV 昌五线电流互感器二次回路有极性接反情况。

3.1.3 原因分析及处理措施

（1）由于 CAICHANG 三回线的 GIS 出线的感应电压较大，导致 GIS 出线侧交流避雷器监视器读数超标，经启委会组织厂家、监理、设计、安装等单位研究决定，此缺陷不影响送电新设备启动进程，可结合后续停电计划，将 GIS 出线侧交流避雷器监视器需要更换为量程更大的避雷器监视器。

（2）后台监视控制软件监视信号不匹配情况是由于厂家将以往的直流输电工程后台软件的模板直接移植到本工程，但设计单位设计的交流滤波器的配置情况跟以往的直流输电工程的滤波器配置情况略有不同。监控系统后台软件厂家根据现场实际情况对后台软件及时进行了更新，此问题得到解决。

（3）交流滤波器不平衡系数定值校正不成功是由于 SC－2 间隔一分支尾端电流信号未接入不平衡保护，通过及时安排安装新设备启动单位把二次回路正确接线后解决此问题。

（4）交流场故障录波器采集到开关量动作信号，实际开关并未动作。经检查分析，问题原因是开关量隔离插件上的电源端子，由于长途运输过程颠簸导致端子与底座松动，存在接触不良的情况，将相关端子紧固后问题未再次复现。

（5）经分析，故障录波未录到交流滤波器不平衡电流原因是录波器的 FT3 插件程序版本未升级，将相关软件版本升级后，报文丢失问题得到解决。

3.1.4 经验启示及防范措施

（1）本工程 750kV CAICHANG 三回线线路长度为 75m，不存在线路充电压升问题，为提高主网安全可靠性，新设备启动中首先完成了 WCW 变电站新设备启动开关极性校核工作，后续长达十余天的新设备启动过程中，WCW 变盗墓贼基本保持全接线方式运行，提升了新设备启动期间主网安全可靠性。

（2）JIQUAN 送端交流系统待新设备启动设备较多，开关共 11 串、滤波器组共 20 组，新设备启动工作量大，且滤波器、电容器投切后需要一定的静置放电时间，新设备启动时间较长，为提升新设备启动效率，对新设备启动方案进行了优化，WCW 变电站开关投入后备保护始终维持充电状态，节约了大量反复操作时间。

（3）本工程启动过程中发现有一次设备损坏情况（交流滤波器的单支电容器），不排除一次设备在运输或安装过程中存在着不规范的情况，对于这类问题，项目建设管理单位有必要在设备安装过程中加强管控。

（4）本工程启动过程中，由于设备多、接线复杂，存在多处电流互感器、电压互感器二次回路接线不正确情况，对于此类重点工程，安装新设备启动单位应安排技术能力强、现场经验丰富的技术人员开展多次查线校验，避免此类问题发生。

（5）本工程在设计阶段未考虑直流输电工程配套机组投产时间不能与本工程同步情况，本工程先于配套电厂投产，因此配套电厂线路不能接入本工程中，导致本工程所配置相关线路保护不能在第一阶段应用，需要额外配置短引线保护。因此建议工程设计阶段针对此类大型工程兼顾实际投产时序，提前配置相应一、二次设备。

（6）对于本工程启动中存在的软件版本更新不及时情况，其他工程也存在此类问题，因此，软件厂家应强化对软件版本的管理，及时更新现场的软件版本。

3.2 特高压 ZHAOYI 直流送端交流系统新设备启动

3.2.1 操作步骤

±800kV YIKEZHAO 换流站交流场新建工程主接线如图 3－4 所示，新建

设备包括 750kV Ⅰ母、Ⅱ母，第 1 串～第 3 串断路器，1 号～3 号联络主变压器，66kV Ⅰ母、Ⅱ母、Ⅲ母，6601、6602、6603 断路器，六组低压电抗器及其配套断路器，六组低压电容器及其配套断路器，两组站用变压器；500kV Ⅰ母、Ⅱ母，第 1 串～第 11 串断路器，61 号～64 号四条分支 500kV 母线，十一组滤波器及其配套断路器，七组电容器及其配套断路器；750kV SH 变电站新建 7521、7520、7522、7531、7530 断路器，两组低压电抗器及其配套断路器，三回 750kV 线路。

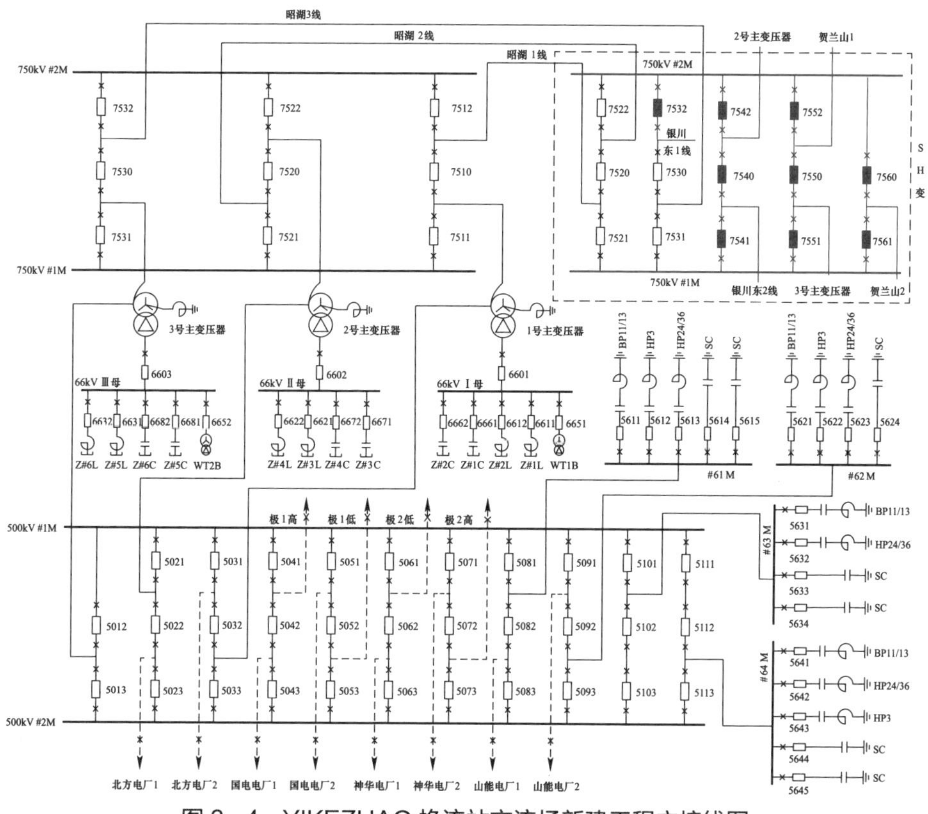

图 3-4　YIKEZHAO 换流站交流场新建工程主接线图

新设备启动项目共有 7 个大项：① SH 变电站投切 750kV HUZHAO Ⅰ线、Ⅱ线、Ⅲ线试验；② YIKEZHAO 换流站投切 750kV ZHAOHU Ⅰ线、Ⅱ线试验；③ 750kV ZHAOHU Ⅰ线、Ⅱ线、Ⅲ线合环试验；④ YIKEZHAO 换流站投切 750kV 主变压器、低压电抗器和电容器试验；⑤ YIKEZHAO 换流站 500kV

交流场充电、带负荷及中开关联锁试验；⑥ YIKEZHAO 换流站投切 500kV 交流滤波器及并联电容器组试验；⑦ YIKEZHAO 换流站站用电系统充电及备自投试验。

项目 1：SH 变电站投切 750kV HUZHAO Ⅰ线、Ⅱ线、Ⅲ线试验。

SH 变电站利用 7551 断路器投充电保护，根据图 3－1，完成 SH 变电站被试设备 7521、7520、7522、7531、7530 断路器，750kV HUZHAO Ⅰ线、Ⅱ线、Ⅲ线的考核与测试工作。

项目 2：YIKEZHAO 换流站投切 750kV Ⅰ线、Ⅱ线试验。

HUZHAO Ⅲ线在 SH 变电站侧充电，根据图 3－1，完成 YIKEZHAO 换流站被试设备第 1 串～第 3 串断路器，750kV HUZHAO Ⅰ线、Ⅱ线、Ⅲ线的考核与测试工作。

项目 3：750kV ZHAOHU Ⅰ线、Ⅱ线、Ⅲ线合环试验。

（1）SH 变电站：ZHAOHU Ⅱ线与 ZHAOHU Ⅲ线所涉及的第二串开关同期合环试验。

（2）YIKEZHAO 换流站：ZHAOHU Ⅱ线与 ZHAOHU Ⅲ线所涉及的第二串开关同期合环试验。

（3）SH 变电站：ZHAOHU Ⅰ线与 ZHAOHU Ⅲ线所涉及的第二串开关同期合环试验。

（4）YIKEZHAO 换流站：ZHAOHU Ⅰ线与 ZHAOHU Ⅲ线所涉及的第一串开关同期合环试验。

（5）SH 变电站：ZHAOHU Ⅰ线与 ZHAOHU Ⅱ线所涉及的第二串开关同期合环试验。

（6）YIKEZHAO 换流站：ZHAOHU Ⅰ线与 ZHAOHU Ⅱ线所涉及的第二串开关同期合环试验。

项目 4：YIKEZHAO 换流站投切 750kV 主变压器、低压电抗器和电容器试验。

根据图 3－1，利用 YIKEZHAO 换流站 750kV 第 1 串～第 3 串断路器完成 750kV1 号主变压器、2 号主变压器、3 号主变压器，66kV Ⅰ母、Ⅱ母、Ⅲ母，6601、6602、6603 断路器，六组低压电抗器及其配套断路器，六组低压电容

器及其配套断路器的考核与测试工作。

项目 5：YIKEZHAO 换流站 500kV 交流场充电、带负荷及中开关联锁试验。

SH 变电站利用 7531 断路器投充电保护，ZHAOHU Ⅲ线带电，根据图 3–1，利用 5641、5642 滤波器完成 YIKEZHAO 换流站交流场第 1 串、第 11 串、第 2 串、第 3 串、第 4 串、第 5 串、第 6 串、第 7 串、第 8 串、第 9 串、第 10 串断路器的考核与测试工作。

项目 6：YIKEZHAO 换流站投切 500kV 交流滤波器及并联电容器组试验。

根据图 3–1，利用第 8 串、第 9 串、第 10 串、第 11 串、第 1 串断路器完成 YIKEZHAO 换流站交流场第一大组剩余滤波器、第二大组滤波器、第三大组滤波器、第四大组滤波器及其配套断路器的考核与测试工作。

项目 7：YIKEZHAO 换流站站用电系统充电及备自投试验。

根据图 3–1，完成 YIKEZHAO 换流站被试设备 1 号站用变压器、2 号站用变压器的考核与测试工作。

3.2.2 遇到的问题

（1）投入 YIKEZHAO 换流站 6621 开关，对低压电抗器进行充电，6621 开关自动跳开，后台无报警信息。

（2）对 YIKEZHAO 换流站 7520 开关操作，发现 7520 开关频繁打压。

（3）YIKEZHAO 换流站 750kV1 号主变压器带负荷运行 20 分钟后跳闸，电量保护非电量保护均动作。

（4）选相合闸装置首次投入滤波器组，合闸角度偏大。

（5）500kV Ⅰ母故障录波装置 A 相电压无显示，端子排及装置背板测量电压正常。

3.2.3 原因分析及处理措施

（1）直流控保设有无功设备低电流保护，应选择电流有效值进行判断，但实际采用电流实部进行判断，低压电抗器投入后延时 10s 跳开，对控保内同类型所有保护进行整改，同时在后台增加相关保护动作报文。

（2）经现场检查，判断为开关发生了内漏，通过加强监控并安排厂家提前做好消缺方案，新设备启动结束后具备条件时及时更换断路器机构，并确保更换机构后不影响已完成的新设备启动期间各项测试项目。

（3）检查为 500kV 侧 A 相变压器内部故障，需要更换 A 相变压器，待变压器更换完成后再进行相关测试，此缺陷使该主变新设备启动时间延后三个月。

（4）要求厂家在滤波器组投切过程中修改参数，以满足要求。

（5）装置采集卡插拔接触不良导致，现场紧固后恢复正常。

3.2.4 经验启示及防范措施

（1）加强并网设备验收，运行单位把好基建期间设备验收关。

（2）工程启动过程中有一次设备损坏情况（750kV1 号主变压器 A 相），不排除一次设备在运输或安装过程中存在着不规范的情况，对于这类问题项目建设管理单位有必要在设备安装过程中加强管控。

（3）并网前认真做好相关试验及一、二次接线检查工作。设备出现故障后应立即排查同厂家同批次产品，避免发生家族性故障缺陷影响严重后续启动工作。

3.3 特高压 TIANZHONG 直流送端交流系统新设备启动

3.3.1 操作步骤

±800kV TIANSHAN 换流站交流场新建工程主接线如图 3–5 所示，新建设备包括 750kV Ⅰ母、Ⅱ母，第 1 串～第 4 串断路器及其配套二次设备，其中，第 1 串断路器为不完整串，1 号、2 号联络主变压器，66kVⅠ母线 A 段、B 段，66kVⅡ母线 A 段、B 段，6601A、6601B、6611、6613、6662、6663、6664、6602A、6602B、6622、6624、6671、6672、6673 断路器及其配套二次设备，四组低压电抗器，六组低压电容器，两组站用变压器；500kVⅠ母、Ⅱ母，第 1 串～第 8 串断路器，61～64 号四条分支 500kV 母线，十一组滤波器及其配

套断路器，五组电容器及其配套断路器；750kV HM 变电站新建 7551、7550、7561、7560 断路器及其配套二次设备，750kV YD 变电站新建 7512、7520、7522 断路器及其配套二次设备，新建 750kV HATIAN 双回线、750kV YANTIAN 双回线。

新设备启动项目共有 7 个大项：① HM 变电站投切 750kV HATIAN Ⅰ线、Ⅲ线试验；② 750kV YD 变电站投切 TIANYAN Ⅰ线、Ⅱ线试验；③ TIANSHAN 换流站投切 750kV HATIAN Ⅰ线、Ⅱ线试验；④ TIANSHAN 换流站投切 TIANYAN Ⅰ线、Ⅱ线试验及解合环试验；⑤ TIANSHAN 换流站投切 750kV 主变压器、低压电抗器和电容器试验，TIANSHAN 换流站 500kV 交流场充电、带负荷及中开关联锁试验；⑥ TIANSHAN 换流站投切 500kV 交流滤波器及并联电容器组试验；⑦ YIKEZHAO 换流站站用电系统充电及备自投试验。

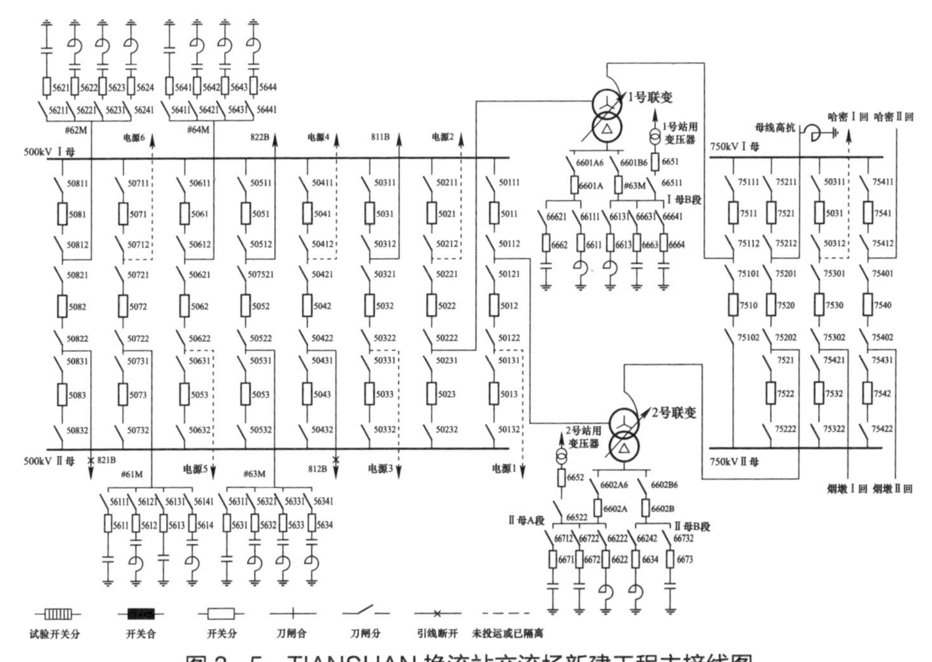

图 3-5　TIANSHAN 换流站交流场新建工程主接线图

项目 1：HM 变电站投切 750kV HATIAN Ⅰ线、Ⅱ线试验。

HM 变电站利用 7531 断路器投充电保护，根据图 3-2，完成 HM 变电站被试设备 7551、7550、7561、7560 断路器，750kVHATIAN Ⅰ线、Ⅱ线的考核与测试工作。

项目 2：YD 变电站投切 750kV TIANYAN Ⅰ线、Ⅱ线试验。

YD 变电站利用 7542 断路器投充电保护，根据图 3－2，完成 YD 变电站被试设备 7512、7520、7522 断路器，750kV YANTIAN Ⅰ线、Ⅱ线的考核与测试工作。

项目 3：TIANSHAN 换流站对 HATIAN Ⅰ线、Ⅱ线充电试验。

初始状态为 TIANYAN Ⅰ线、Ⅱ线在 YD 变电站侧充电，根据图 3－2，完成 TIANSHAN 换流站被试设备第 3 串、第 4 串断路器，750kV HATIANI Ⅰ线、Ⅱ线的考核与测试工作。

项目 4：TIANSHAN 换流站投切 TIANYAN Ⅰ线、Ⅱ线试验及解合环试验。

（1）HM 变电站进行 HATIAN Ⅰ线所涉及的第一串开关同期合环试验。

（2）HM 变电站进行 HATIAN Ⅱ线所涉及的第一串开关同期合环试验。

（3）切除 TIANYAN Ⅰ线，同期解环。

（4）TIANSHAN 换流站投切 TIANYAN Ⅰ线 1 次，投切完成后，同期合环。

（5）切除 TIANYAN Ⅱ线，同期解环。

（6）TIANSHAN 换流站投切 TIANYAN Ⅱ线 1 次，投切完成后，同期合环。

项目 5：TIANSHAN 换流站投切 750kV 主变压器、低压电抗器和电容器试验，TIANSHAN 换流站 500kV 交流场充电、带负荷及中开关联锁试验。

TIANSHAN 换流站 7531、7542 断路器投充电保护，根据图 3－2，利用 750kV 第 1 串、第 2 串断路器完成 750kV 1 号主变压器、2 号主变压器，母线高压电抗器，66kV Ⅰ母、Ⅱ母，6601A、6601B、6611，6612、6662、6663、6664、6602A、6602B、6622、6624、6671、6672、6673 断路器，四组低压电抗器及其配套断路器，六组低压电容器及其配套断路器的考核与测试工作。利用已经考核与测试的低压电容、电抗器完成 500kV 侧第 1 串～第 8 串断路器考核与测试工作。

项目 6：TIANSHAN 换流站投切 500kV 交流滤波器及并联电容器组试验。

根据图 3－2，利用 750kV 第 5 串、第 6 串、第 7 串、第 8 串断路器完成 TIANSHAN 换流站交流场第一大组滤波器、第二大组滤波器、第三大组滤波

器、第四大组滤波器及其配套断路器的考核与测试工作。

项目 7：TIANSHAN 换流站站用电系统充电及备自投试验。

根据图 3－2，完成 TIANSHAN 换流站被试设备 1 号站用变压器、2 号站用变压器的考核与测试工作。另外完成备自投试验。

3.3.2 遇到的问题

（1）YD 变电站投入 TIANYAN Ⅰ线时跳闸，更换断路器后试验继续进行。

（2）TIANSHAN 换流站投入母线高压电抗器时，750kV 断路器继电保护装置动作，切除高压电抗器。

（3）TIANSHAN 换流站交滤波器/并联电容器投切试验时，部分准点投切装置不满足准点合闸技术要求。

3.3.3 原因分析及处理措施

（1）750kV YD 变电站后续投入空载线路运行时，针对 750kV 超高压 SF_6 罐式断路器超声波和特高频局部放电缺陷的检测流程和定位方法，深入分析该断路器内部放电特征并进行放电原因分析，确定了该故障 SF_6 罐式断路器绝缘放电缺陷。设备解体结果表明，通过采用超声波和特高频局部放电检测技术，可以实现 SF_6 罐式断路器内部放电缺陷的诊断和定位。更换故障断路器后，后续系统调试项目继续进行。

（2）TIANSHAN 换流站 750kV 并联电抗器充电时，差动保护出口跳闸，通过对故障时的波形、数据、一次设备的安装和试验进行了分析，确定了保护动作原因为电抗器末端套管电流互感器极性接反、7521 断路器 A 相的防跳继电器型号错误。在此基础上，对发现缺陷及时进行处理，保证充电成功，确保后续调试项目顺利进行。通过分析，要正确测量电流互感器的极性，防止因极性接错导致差动误动作尤其重要；对防跳继电器的安装和验收提出了更严格的要求。通过加强监控并安排厂家提前做好消缺方案，更换防跳继电器后，继续系统调试项目。

（3）要求厂家对部分准点投切装置不满足准点合闸技术要求的设备进行整改，以满足要求。

3.3.4 经验启示及防范措施

（1）工程启动过程中有 750kV 断路器绝缘损坏情况，考虑可能是设备出厂试验不到位，对于这类问题项目建设管理单位有必要把好设备出厂关。

（2）设备出现故障后，应立即排查同厂家同批次产品，避免发生家族性故障缺陷影响严重后续启动工作。

（3）加强启动过程中的带电检测，及时发现设备缺陷，确保系统调试工期。

3.4 特高压 TIANSHAN 换流站扩建工程新设备启动

3.4.1 操作步骤

±800kV TIANSHAN 换流站扩建工程主接线如图 3－6 所示，扩建设备包括 500kV Ⅰ母、Ⅱ母，5092、5093、5111、5112 断路器及其配套二次设备，7541、7540、7551、7550、7552 断路器及其配套二次设备，3 号、4 号联络主变压器，66kV Ⅲ母线 A 段、B 段，66kV Ⅳ母线 A 段、B 段，6603A、6603B、6682、6683、6684、6604A、6604B、6631、6632、6633 断路器，66kV 10 号～15 号电容器。

新设备启动项目共有 6 个大项：① 500kV 母线充电试验；② 投切 750kV TIANHA Ⅱ线试验；③ 750kV 投切 4 号空载联络变压器和低容试验；④ 750kV 投切 3 号空载联络变压器和低容试验；⑤ 500kV 投切 3 号、4 号空载联络变压器试验；⑥ 解合环试验。

项目 1：500kV 母线充电试验。

TIANSHAN 换流站 5021、5013 断路器均投入充电保护，根据图 3－1，完成 TIANSHAN 换流站被试设备 500kV Ⅰ母、Ⅱ母的考核工作。

项目 2：TIANSHAN 换流站投切 750kV TIANHA Ⅱ线试验烟。

TIANSHAN 换流站 7531 断路器投充电保护，根据图 3－1，完成被试设备 7551 断路器，TIANHA Ⅱ线的考核与测试工作。

项目 3：TIANSHAN 换流站投切 4 号空载联络变压器和低容试验。

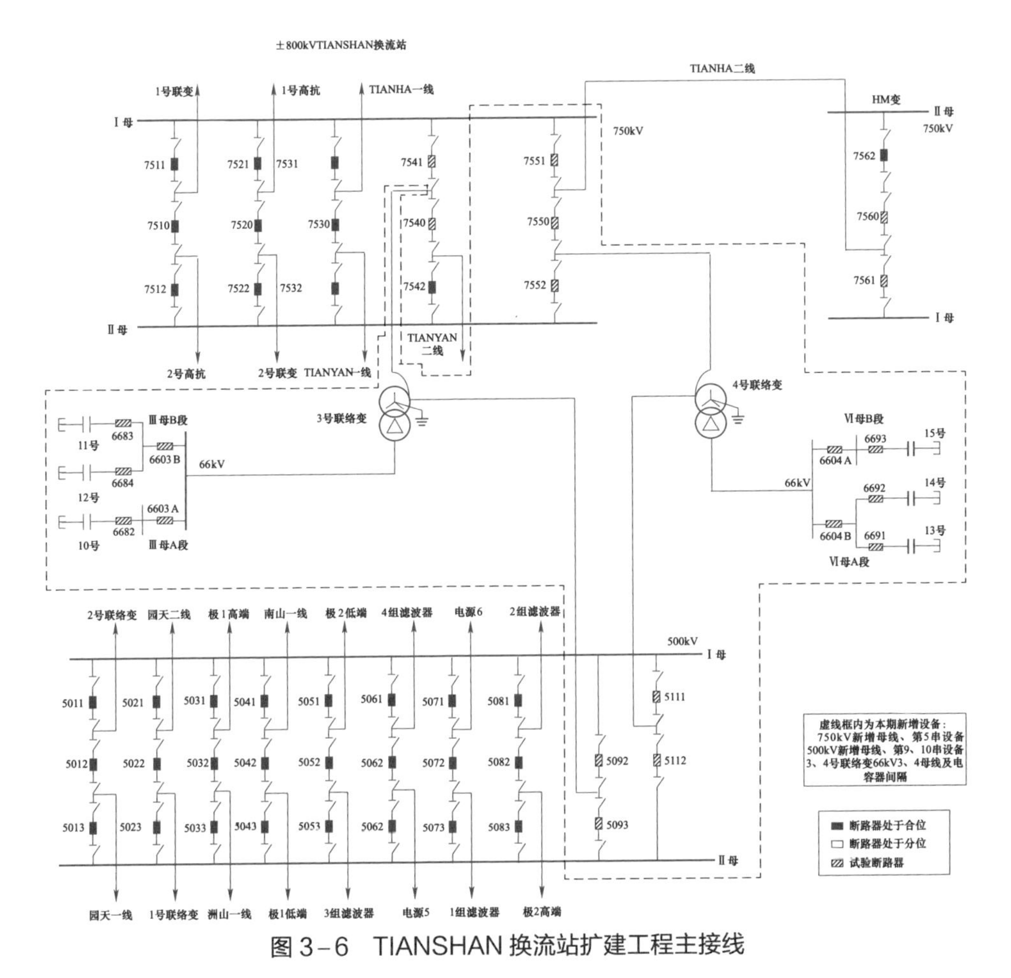

图 3-6 TIANSHAN 换流站扩建工程主接线

TIANSHAN 换流站 7531 断路器投充电保护（空载 I 母充电），根据图 3-1，完成被试设备 7551、7550、7531 断路器，6604A、6693、6604B、6691 断路器，4 号联络主变压器、13 号、15 号低容的考核与测试工作。

项目 4：TIANSHAN 换流站投切 3 号空载联络变压器和低容试验。

TIANSHAN 换流站 7532 断路器投充电保护（空载Ⅱ母充电），根据图 3-1，完成被试设备 7541、7540、7532 断路器，6603A、6682、6603B、6683 断路器，3 号联络主变压器，10 号、11 号低容的考核与测试工作。

项目 5：TIANSHAN 换流站 500kV 投切 3 号、4 号空载联络变压器。

TIANSHAN 换流站 5083 断路器投充电保护（空载Ⅱ母充电），根据图 3-1，完成被试设备 5093、5112、6684 断路器，3 号联络主变压器，12 号低容的考核与测试工作。

TIANSHAN 换流站 5081 断路器投充电保护(空载Ⅰ母充电),根据图 3－1,完成被试设备 5092、5111、6692 断路器，4 号联络主变压器、14 号低容的考核与测试工作。

项目 6：TIANSHAN 换流站 500kV 侧合、解环试验。

（1）根据图 3－2，使用 7541、5092 断路器对 3 号联变压器进行合、解环试验。

（2）根据图 3－2，使用 7552、5111 断路器对 4 号联变压器进行合、解环试验。

3.4.2 遇到的问题

（1）TIANSHAN 换流站主变压器扩建工程工期紧，时间跨度大，安全风险较大，调试安排较为紧凑。

（2）TIANSHAN 换流站投入 66kV 低容时，继电保护装置动作，断路器跳闸，切除低容。

（3）TIANSHAN 换流站扩建工程考虑到 500kV 侧投入 3 号、4 号联络变压器对直流输电的影响，进行投切 3 号、4 号空载联络变压器项目试验。

3.4.3 原因分析及处理措施

（1）根据该工程实际进度，主要调试工作安排如图 3－7 所示。

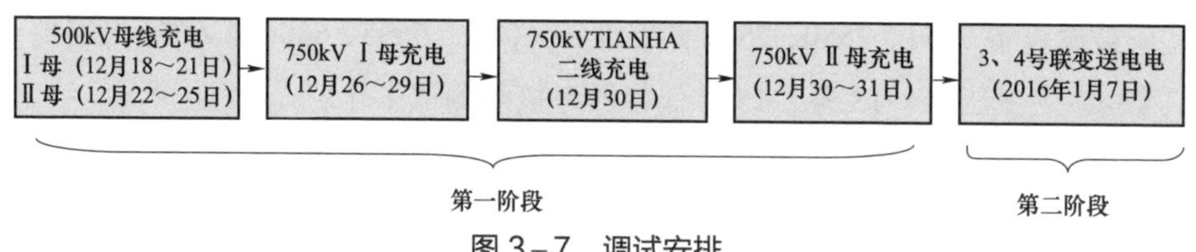

图 3－7　调试安排

其中，在第一阶段，调试项目有：500kV 母线充电，750kV TIANHA Ⅱ线充电。在第二阶段，调试项目有：750kV 投切3号、4号联络变压器，500kV 投切3号、4号联络变压器，66kV 投切低容，解合环。

（2）TIANSHAN 换流站投入 66kV 低容时，继电保护装置动作，断路器跳

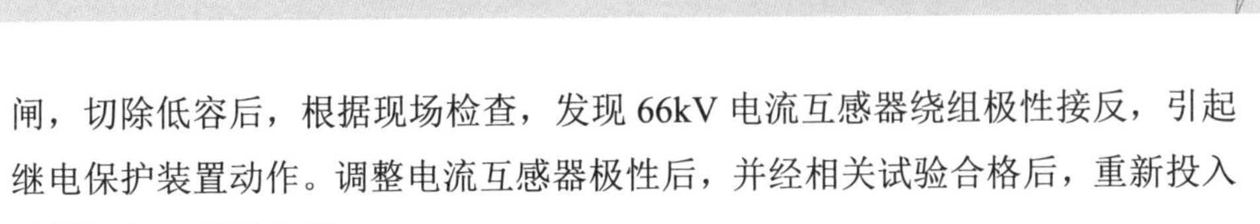

闸，切除低容后，根据现场检查，发现66kV电流互感器绕组极性接反，引起继电保护装置动作。调整电流互感器极性后，并经相关试验合格后，重新投入改组低容，试验正常。

（3）TIANSHAN换流站扩建工程增加3号、4号联络变压器，相关单位提出需要考虑500kV投入联络变压器时，对直流输电的影响，是否会对TIANZHONG直流造成影响，是否会对相关线路造成跳闸。建设单位专门委托中国电力科学研究院有限公司开展相关研究分析，结论认为不会对直流运行造成影响，具备投入条件。后续项目证明研究结果，并为后续运行提供依据。

3.4.4 经验启示及防范措施

（1）新设备启动前制定好详细的启动计划，启动计划应充分考虑设备陪停，工期进度，系统运行等因素。

（2）建设管理单位应从设备监造、运输、安装、调试等环节进行全方位管控，避免出现设备缺陷。

（3）与直流系统连接的交流系统，应充分考虑操作设备时对直流输电的影响，避免因为操作设备导致直流闭锁等严重问题。

新建750kV输变电工程的启动案例

新建 750kV 输变电工程新设备启动的目的与特高压直流送端交流系统的启动目的类似，但不同点在于新建 750kV 输变电工程一般存在系统电磁合环的操作，需要观察系统电磁合环和电磁解环产生系统的冲击和引起的电压波动情况。

4.1 750kV WB－TLF－HM 输变电工程启动送电

4.1.1 操作步骤

750kV WB－TLF－HM 输变电工程变电站主接线图如图 4－1 所示，WB、TLF、HM 三座变电站均为新建变电站，除 220kV 设备为原有设备外，其余设备均为新建设备。WB 变电站新建设备包括两条 750kV 母线，7521、7520、7530、7532、7541、7540、7542 断路器及其配套二次设备，1 号主变压器，66kV Ⅰ母，6601、6613、6614、6661、6662、6663、6664 断路器，66kV 3 号、4 号电抗器，1 号～4 号电容器；TLF 变电站新建设备包括两条 750kV 母线，7551、7550、7552、7541、7540、7542、7521、7520、7522 断路器及其配套二次设

备，2 号主变压器，66kVⅡ母，6602、6621、6622、6623、6624 断路器，5 号～8 号电抗器；HM 变电站新建设备包括两条 750kV 母线，7521、7520、7530、7532、7541、7540、7542 断路器及其配套二次设备，1 号主变压器，66kVⅠ母线，6601、6613、6614、6661、6662、6663、6664 断路器，66kV 3 号、4 号电抗器，1 号～4 号电容器；TC 变电站新建设备包括 7542、7540、7552、7550 断路器及其配套二次设备。原 WUCHENG 双线破口接入 WJQ 变电站，形成了新的四回线，分别是 WUQU 双线和 QUCHENG 双线。WJQ 变电站所有设备均为新设备。

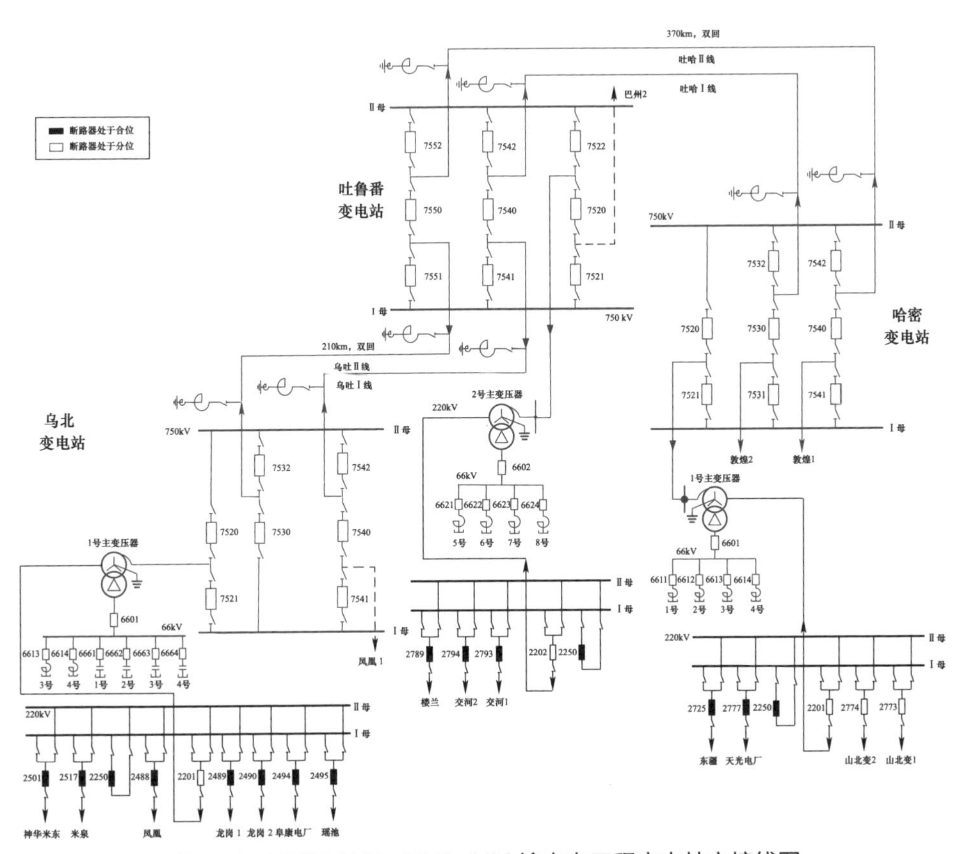

图 4-1 750kVWB-TLF-HM 输变电工程变电站主接线图

新设备启动项目共有 9 个大项：① WB 变电站 220kV 投切空载主变压器及低压电抗器、低容试验；② WB 变电站投切 WUTU 双线；③ TLF 变电站投切 WUTU 双线；④ TLF 变电站投切空载主变压器、低压电抗器试验；⑤ TLF 变解合环试验；⑥ TLF 变电站投切 TUHA 双线；⑦ HM 变电站投切主变压器、低压电抗器和低容试验；⑧ HM 变解合环试验；⑨ HM 变电站投切 TUHA 双线试验。

项目 1：WB 变电站 220kV 投切空载主变压器及低压电抗器、低容试验。

WB 变电站 2201 投入充电保护，根据图 3－1，完成 WB 变电站被试设备 1 号主变压器，6601、6613、6614、6661、6662、6663、6664 断路器，1 号、4 号低压电抗器，1 号～4 号低容的考核与测试工作。

项目 2：WB 变电站投切 WUTU 双线。

WB 变电站 220kV 系统带主变压器运行，根据图 3－1，完成 WB 变电站被试设备 7520、7521、7532、7530、7542、7540 断路器，750kV Ⅰ母、Ⅱ母，WUTU Ⅰ线、Ⅱ线的考核与测试工作。

项目 3：TLF 变电站投切 WUTU 双线。

初始状态为 WB 变电站带 WUTU Ⅱ线空载线路，根据图 3－1，完成 TLF 变电站被试设备 7551、7541 断路器，750kV Ⅰ母的考核与测试工作。

项目 4：TLF 变电站投切空载主变压器、低压电抗器和低容试验。

TLF 变电站利用 7521、7520 开关投充电保护对 2 号主变压器进行投切，根据图 3－1，完成 TLF 变电站被试设备 6602、6621、6623、6624 断路器，6 号～8 号低压电抗器，750kV Ⅱ母，2 号主变压器的考核与测试工作。

项目 5：TLF 变电站解合环试验。

项目 3、项目 4 完成后 TLF 变电站具备系统合环条件。项目 5 在 TLF 变电站 220kV 侧进行操作，根据图 3－2，利用高压侧 7541 断路器，中压侧 2202 断路器完成本项试验项目。本项试验项目结束后，2 号主变压器合环运行。

项目 6：TLF 变电站投切 TUHA 双线。

项目 5 完成后，TLF 变电站 7541、7551、7520、7521 断路器均在运行状态，7541、7551 断路器均投入充电保护，根据图 3－1，完成 TLF 变电站被试设备 7540、7542、7550、7552 断路器，TUHA Ⅰ线、Ⅱ线的考核与测试工作。

项目 7：HM 变电站投切空载主变压器、低压电抗器和低容试验。

HM 变电站利用 7542、7541 开关投充电保护，根据图 3－1，完成 HM 变电站被试设备 7520、7521、6602、6611、6612、6613、6614 断路器，1 号～4 号低压电抗器，750kV Ⅰ母、Ⅱ母，1 号主变压器的考核与测试工作。

项目 8：HM 主变压器 220kV 侧解合环试验。

项目 7 完成后，HM 变电站具备系统合环条件。项目 8 在 HM 变电站 220kV 侧进行操作，根据图 3－2，利用高压侧 7520 断路器，中压侧 2202 断路器完成本项试验项目。本项试验项目结束后，1 号主变压器合环运行。

项目 9：HM 变电站投切 TUHA 双线试验。

HM 变电站 7532、7530、7542、7540 断路器均投入充电保护，根据图 3－2，完成 HM 变电站被试设备 7532、7530、7542、7540 断路器，TUHA Ⅰ线、Ⅱ线的考核与测试工作。

4.1.2 遇到的问题

WB 变电站 220kV 侧投入空载变压器励磁涌流较大。

4.1.3 原因分析及处理措施

（1）根据调试前仿真计算结果，WB 变电站 220kV 侧投切 1 号空载变压器时不会出现谐振现象，WB 变电站 220kV 侧最高操作过电压为 1.47p.u，750kV 侧最高操作过电压为 1.55p.u.；该项试验现场实测结果为 WB 变电站 220kV 侧最高操作过电压为 1.55p.u，750kV 侧最高操作过电压为 1.53p.u.，合闸操作后未出现谐振现象。主变压器 220kV 侧过电压水平低于标准允许的 3.0p.u.（220kV 侧 1p.u.=252kV/$\sqrt{3}$/241.5），主变压器 750kV 侧过电压水平低于标准允许的 1.8p.u.（750kV 侧 1p.u.=800kV/$\sqrt{3}$/241.5），该项试验是安全的。可见现场实测结果与仿真预测结论一致。

（2）合闸空载变压器时，由于变压器非线性励磁曲线的饱和，使得合闸时产生不同程度的励磁涌流（合闸涌流）。励磁涌流的大小除了与断路器是否装设合闸电阻外，还与合闸时刻、变压器空载励磁曲线、试验系统谐振频率、铁芯的剩磁大小等有关，在不考虑变压器铁芯剩磁条件下，当合闸在电压过零点附近时，励磁涌流幅值最大。

根据现场实测结果，WB 变电站 2201 断路器第一次合空载变压器时的最大合闸涌流峰值为 8.03kA，约为额定电流峰值的 1.58p.u.（220kV 侧额定电流 1p.u.=1500MVA/ $\sqrt{3}$ / 241.5 =3586A），第二次合空载变压器时的最大合闸涌流峰值为 6.05kA，约为额定电流峰值的 1.19p.u.。可见随着变压器剩磁的减小，合闸涌流也呈降低趋势。

（3）由于励磁涌流的作用，合空载变压器的操作还会引起系统电压降落问题。这是由于励磁涌流为感性，相当于系统增加了感性无功损耗，感性电流流经系统阻抗后引起电压降落。合空载变压器励磁涌流引起的系统电压降落幅度，除了取决于励磁涌流幅值大小外，还与试验系统短路容量直接相关。当系统电网结构较强时，系统短路容量大，系统等值阻抗小，励磁涌流引起的电压降落幅度较小；而当系统电网较弱时，系统短路容量小，系统等值阻抗较大，励磁涌流可能对系统电压造成显著的电压降落。随着励磁涌流的衰减，系统电压逐步恢复至正常水平。合空载变压器操作点近区装设火电或水电机组时，发电机组励磁的快速调节作用将有助于缩短合空载变压器后系统电压降落逐步恢复至正常电压的时间，削弱合空载变压器对系统电压带来的冲击。系统电网较弱时，且近区电网没有电源点支撑时，高幅值的合空载变压器励磁涌流造成的系统电压降落现象可能持续较长时间，对系统稳定不利，并且有可能导致部分地区低压甩负荷。

1）试验前仿真分析结果：

在 WB 变电站 220kV 侧合空载变压器试验前，根据试验系统条件以及考虑相关影响因素，对合空载变压器时的合闸涌流及系统电压降落过程进行仿真分析，并提出相关预防措施建议。WB 变电站 2201 断路器第一次合闸 WB 变电站 1 号主变压器时，试验前后不同时刻 WB 变电站 220kV 母线电压计算结果如表 4－1 所示。不考虑剩磁时，合闸涌流最大峰值约为 4.2kA，合闸后 WB 变电站 220kV 母线电压由 238kV 降至 223kV，最大降幅为 15kV；考虑剩磁时，合闸涌流最大峰值约为 8.3kA，合闸后 WB 站 220kV 母线电压由 238kV 降至 207kV，最大降幅为 31kV。

表4-1　　WB变电站220kV母线电压变化情况

试验名称	合闸前电压（kV）	剩磁情况	合闸涌流峰值（kA）	合闸后情况	
				测量时间（ms）	电压（kV）
WB变电站220kV侧合空载变压器	238	不考虑剩磁	4.2	0	223
				200	228
				500	232
				1000	235
				2000	237
		考虑剩磁	8.3	0	207
				200	220
				500	229
				1000	232
				2000	234

根据以上计算结果，为保证系统安全稳定运行和试验顺利进行，建议WB站合空载变压器前采取以下预防措施：

a. 合空载变压器前，尽量抬高系统电压水平，避免合空载变压器后系统电压过低。

b. 合空载变压器前，有必要时对试验主变做消磁处理，尽量降低合空载变压器时的励磁涌流。

c. 进行合空载变压器试验期间尽量降低WUCHANG电网及相关各主要断面功率交换水平，提高电网抵御故障能力，确保系统稳定运行。

d. 建议WB变电站站220kV侧合空载变压器试验前在WB主变压器中压侧设定临时过电流保护，定值取1.8kA（有效值，峰值为2.5kA），延时为200ms。第一次的合空载变压器操作有助于消除主变压器剩磁，无论该临时过电流保护动作与否，均不影响后续试验。该临时保护的动作不需对主变压器做任何检查处理，第一次合空载变压器后退出该临时保护。

2）现场实测结果：

试验前，经过现场调试总指挥部讨论，出于对电网系统运行安全的考虑，采取预防措施后，于2010年10月10日17:02进行WB变电站站第一次220kV

侧合空载变压器试验，图 4－2 为 WB 变电站 220kV 母线三相电压（有效值）现场实测波形。合空载变压器前，WB 变电站 220kV 母线电压为 237.9～238.9kV，合闸后，WB 变电站 220kV 母线电压短时降低，其中 C 相电压由 237.9kV 降至 206.8kV，降幅为 31.1kV。WB 变电站 220kV 母线电压在主变压器合闸后约 0.6s 恢复至 220kV，在合闸后约 2s 恢复至 231kV。

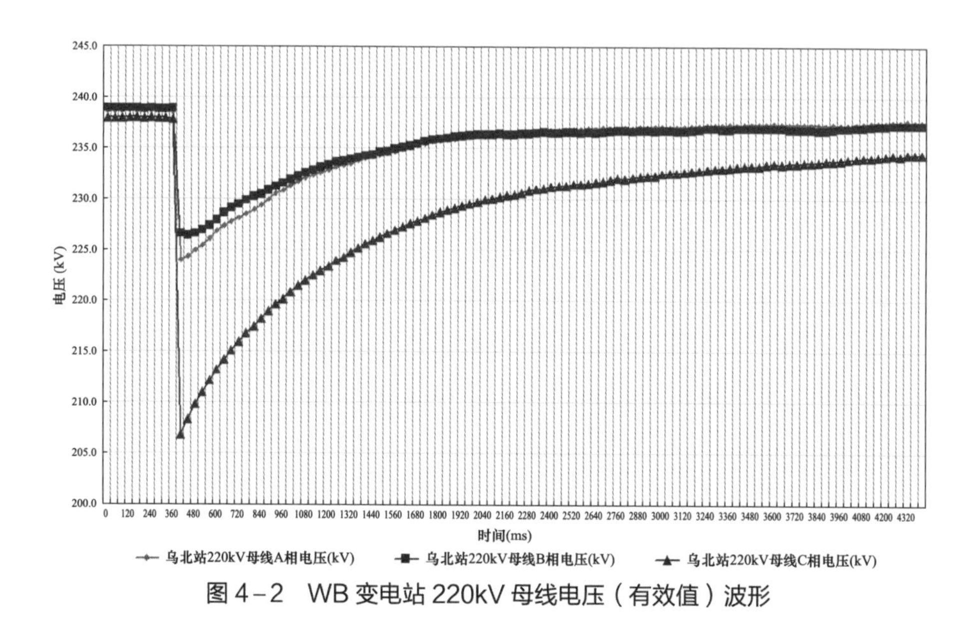

图 4－2　WB 变电站 220kV 母线电压（有效值）波形

WB 变电站 2201 断路器合闸 1 号主变压器时三相合闸涌流波形如图 4－3 所示，实测 WB 变电站 220kV 侧合空载变压器三相最大合闸涌流峰值约 8.03kA（C 相，图 4－3 中波形有削顶现象，可观测结果为 7.84kA，8.03kA 为根据波形拟合推算得出）。

由以上可知，现场实测系统电压降落及合闸涌流与试验前仿真预测结果基本吻合。

（4）WB 变电站主变压器 220kV 侧断路器装设合闸电阻建议。考虑 WB 变电站主变压器 220kV 侧断路器装设 400Ω合闸电阻，对 WB 变电站 220kV 侧合空载变压器进行仿真分析，表 4－2 为考虑合闸电阻前后的合空载变压器过电压和励磁涌流计算结果。

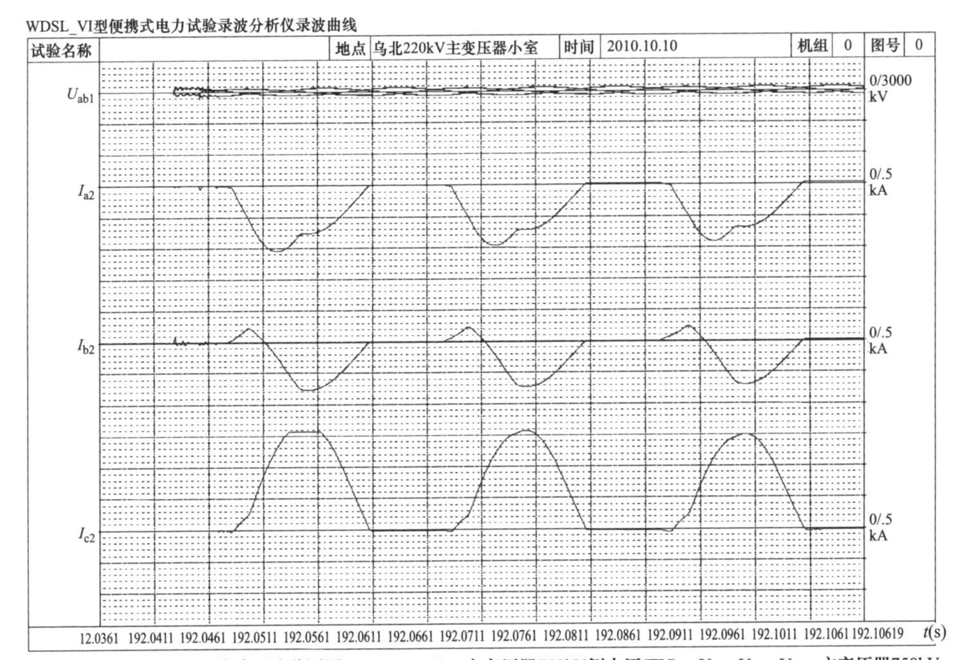

备注：No.74，主变压器故障录波监测屏；U_{a1}，U_{b1}，U_{c1}：主变压器750kV侧电压(TV)；U_{ab1}，U_{bb1}，U_{cb1}：主变压器750kV侧电压(套管末屏)；U_{a2}，U_{b2}，U_{c2}：主变压器220kV侧电压(TV)；U_{ab2}，U_{b2}，U_{cb2}：主变压器220kV侧电压(套管末屏)；I_{a2}，I_{b2}，I_{c2}：主变压器220kV侧电流(TA)。

图4-3 WB变电站2201断路器合闸1号主变压器时三相合闸涌流波形

表4-2 装设合闸电阻前后合空载变压器过电压及合闸涌流计算结果

序号	有无合闸电阻	操作前线电压（kV）	有无剩磁	合空载变压器过电压（p.u.）		合闸涌流（kA）
				750kV侧	220kV侧	
1	无	238	无	1.54	1.53	4.20
2			有	1.54	1.53	8.31
3	有	238	无	1.38	1.09	2.91
4			有	1.42	1.12	5.95

由表4-2中可知，WB变电站主变压器220kV侧断路器装设400Ω合闸电阻时，WB变电站合空载变压器过电压及合闸涌流均有一定降低。在合闸涌流作用下，WB变电站220kV母线电压变化情况如表4-3所示。

表 4-3　装设合闸电阻条件下合空载变压器过程中 WB 变电站 220kV 母线电压变化情况

试验名称	合闸前电压（kV）	剩磁情况	合闸涌流峰值（kA）	合闸后情况	
				测量时间（ms）	电压（kV）
WB 变电站 220kV 侧合空载变压器	238	不考虑剩磁	2.91	0	229
				200	232
				500	234
				1000	236
				2000	237
		考虑剩磁	5.95	0	213
				200	222
				500	229
				1000	233
				2000	235

由表 4-3 可见 WB 变电站 220kV 侧断路器装设合闸电阻后，由于励磁涌流幅值降低，使得合闸后系统电压降低幅度减小，考虑剩磁条件下，WB 变电站 220kV 母线电压由合闸前的 238kV 最低降至 213kV，降低幅度为 25kV；不考虑剩磁条件下，WB 变电站 220kV 母线电压由合闸前的 238kV 最低降至 229kV，降低幅度为 9kV；励磁涌流降低，系统电压恢复至正常水平的时间也有所缩短。

总之，WB 变电站主变压器 220kV 侧断路器装设合闸电阻后，合闸涌流和过电压均降低，系统电压降落幅度减小，恢复至正常电压的时间也缩短，有利于系统安全稳定运行，因此建议 WB 变电站 220kV 断路器装设合闸电阻，阻值取 400Ω。

4.1.4　经验启示及防范措施

WB 变电站是该地区电网首座升压至 750kV 的变电站，从 220kV 冲击主变压器是首次进行，由于较大的励磁涌流和电压降落给系统带来较大的威胁，需要采取合理的措施降低操作风险。后续工程应尽量在 750kV 侧冲击主变压器，降低系统风险。

4.2 750kV WB－WJQ－TC 输变电工程启动送电

4.2.1 操作步骤

750kV WB－WJQ－TC 输变电工程变电站主接线如图 4－4 所示，该 750kV WJQ 变电站为新建变电站，WB 变电站与 TC 变电站没有新建设备，原 WUCHENG 双线破口接入 WJQ 变电站，形成了新的四回线，分别是 WUQU 双线和 QUCHENG 双线。WB 变电站新建设备包括 7531、7541 断路器及其配

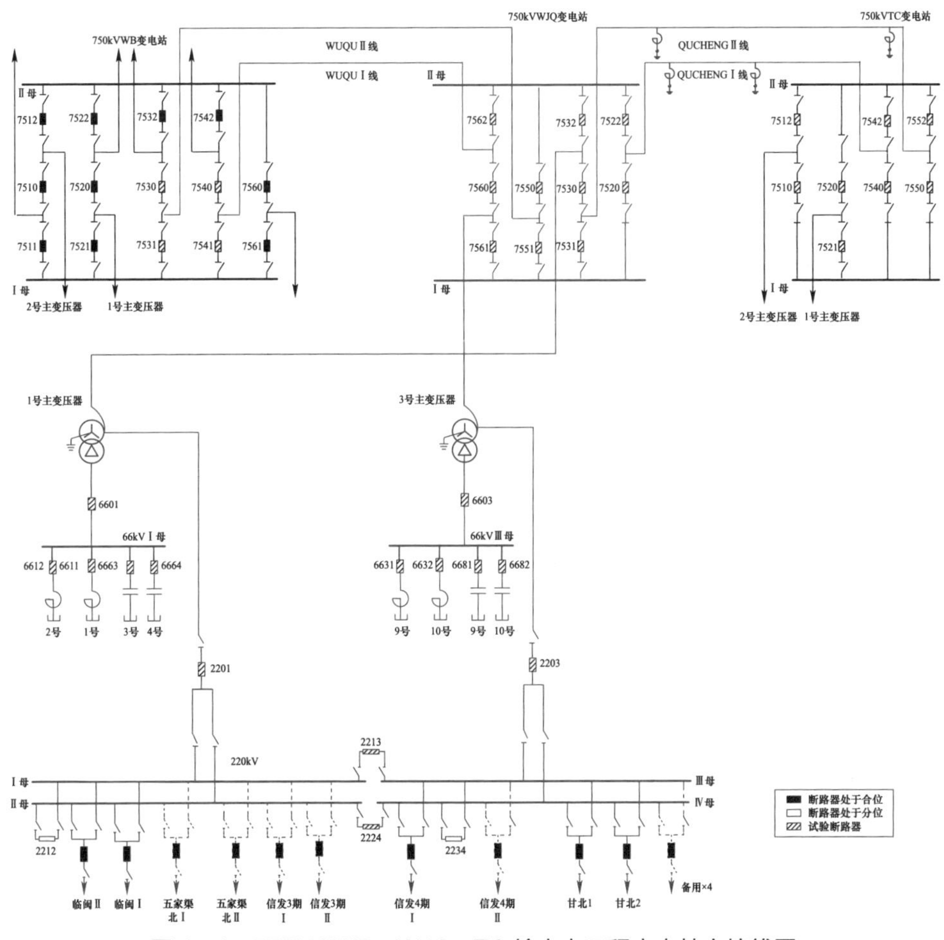

图 4－4 750kV WB－WJQ－TC 输变电工程变电站主接线图

套二次设备，TC 变电站新建设备包括 7542、7540、7552、7550 断路器及其配套二次设备。WJQ 变电站所有设备均为新设备。

新设备启动项目共有 6 个大项：① WB 变电站投切 750kV 空载 750kV WUQU 双线试验；② WJQ 变电站投切空载主变压器、低压电抗器和 QUCHENG 双线试验；③ WJQ 变电站 220kV 解合环试验；④ QUCHENG 双线合环；⑤ WJQ 变电站 66kV 侧投切低容试验；⑥ 二次系统抗干扰试验。

项目 1：WB 变电站投切 750kV 空载 750kV WUQU 双线试验。

WB 变电站 7531、7530 依次投入充电保护，根据图 3－1，利用 WUQU Ⅱ线充电电流完成被试设备 7531、7520 检测工作；WB 变电站 7541、7540 依次投入充电保护，根据图 3－1，利用 WUQU Ⅰ线充电电流完成被试设备 7541、7540 检测工作。

项目 2：WJQ 变电站投切空载主变压器、低压电抗器和 QUCHENG 双线试验。

WB 变电站 7541 断路器为后备保护断路器，并加载充电过流保护，无陪停设备为，被试设备为 WJQ 变电站 7562、7532、7560、7522、6601、6603、6611、6631 断路器，1 号、3 号主变压器，1 号、9 号低压电抗器，QUCHENG Ⅰ线，根据图 3－2，利用 1 号、3 号主变压器的 1 号、9 号低压电抗器感性电流完成被试设备检测工作。

WB 变电站 7531 断路器为后备保护断路器，并加载充电过流保护，无陪停设备为，被试设备为 WJQ 变电站 7551、7561、7531、7530、7550、7520、6601、6603、6612、6632 断路器，1 号、3 号主变压器，2 号、10 号低压电抗器，QUCHENG Ⅰ线、Ⅱ线，根据图 3－1，利用 1 号、3 号主变压器的 2 号、10 号低压电抗器感性电流完成被试设备检测工作。

项目 3：WJQ 变电站 220kV 解合环试验。

项目 1 和项目 2 完成后，WJQ 变电站新建设备均完成相关测试工作。项目 3 主要在 WJQ 变电站进行操作，根据图 3－2，利用高压侧 7562、7531 断路器，中压侧 2201、2203、2212、2234 断路器完成本项试验项目。本项试验项目结束后，1 号、3 号主变压器合环运行。

项目 4：QUCHENG 双线合环。

WJQ 变电站利用 7520、7531 断路器投充电保护对 QUCHENG Ⅰ线、Ⅱ线充电，在 TC 变电站合 7542、7552、7540、7550 断路器。QUCHENG 双线合环。

项目 5：WJQ 变电站 66kV 侧投切低容试验。

WJQ 变电站 6601、6603 断路器为后备保护断路器，并加载充电过电流保护，被试设备为 WJQ 变电站 6663、6664、6681、6682 断路器，3 号、4 号、9 号、10 号低压电容器，根据图 3－2，完成被试设备检测工作。

项目 6：二次系统抗干扰试验。

穿插在上述项目中开展。

4.2.2 遇到的问题

WJQ 变电站 GIS 母线避雷器出现异响。

4.2.3 原因分析及处理措施

在 WJQ 变电站投入Ⅱ母后，GIS 母线避雷器出现异响，经现场启委会研究决定停止操作，就地解体，解体后发现母线避雷器与 GIS 管体联接部分的铝合金已经融化，产生放电现象。经过一个月左右的时间更换后，此问题得到解决。

4.2.4 经验启示及防范措施

在 WB－WJQ－TC 输变电工程中，由于母线避雷器出现问题而导致工程投产延期一个月，对电网可靠运行、新能源消纳、电能替代等各方面造成较大影响。工程运维部门应协同项目管理单位及物资部门应针对此类重点工程投产加强一、二次设备的检查验收，将缺陷消除在设备投产之前，避免同类问题再次出现。

4.3 750kV XZ 变电站接入系统启动工程

4.3.1 操作步骤

750kV XZ 变电站接入系统的主接线图如图 4－5 所示，简要启动步骤如下。

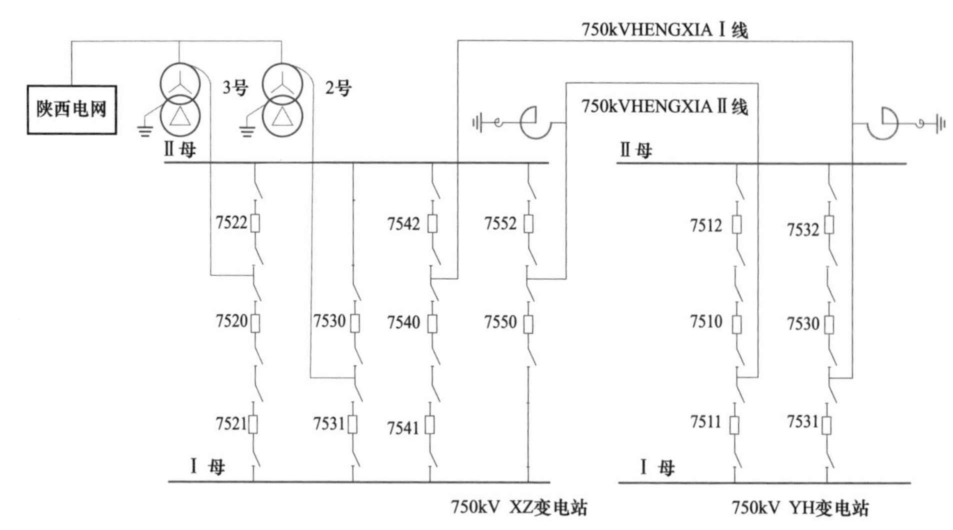

图 4－5　750kV XZ 变电站接入系统主接线图

（1）HENGXIA Ⅰ线、Ⅱ线的线路高压电抗器转运行，拉开 HENGXIA Ⅰ线、Ⅱ线两侧线路接地开关。YH 变电站 7511、7510 开关冷备用转运行，分别对 750kV HENGXIA Ⅱ线充电 1 次，并进行 750kV HENGXIA Ⅱ线电压互感器与 750kV 运行线路电压互感器核相工作，进行 YH 变电站 7511 开关电流互感器极性及相关继电保护差动电流测试工作。

（2）YH 变电站 7531、7530 开关冷备用转运行，分别对 750kV HENGXIA Ⅰ线充电 1 次，并进行 750kV HENGXIA Ⅰ线电压互感器与 750kV 运行线路电压互感器核相工作，进行 HENGXIA 变电站 7531 开关电流互感器极性及相关继电保护差动电流测试工作。

（3）XZ 变电站 7522 开关冷备用转运行，对 750kV XZ 变电站 3 号主变压器充电 2 次。

（4）XZ 变电站 6603B、6633 开关冷备用转运行，对 66kV 11 号电抗器转充电 1 次，进行相关开关电流互感器极性及相关继电保护差动电流测试工作，进行 750kV Ⅱ母电压互感器、66kV Ⅲ母 B 段电压互感器、HENGXIA Ⅱ线电压互感器、750kV3 号主变压器各侧电压互感器核相工作。

（5）XZ 变电站进行 750kV3 号主变压器 330kV 侧电压互感器与 330kV 运行线路电压互感器定相工作。

（6）用 XZ 变电站 6633 开关将 66kV11 号电抗器切、投 1 次，操作完毕后 6633 开关为运行状态。

（7）将 XZ 变电站 6633 开关运行转热备用。

（8）XZ 变电站 6634、6632 开关热备用转运行，对 66kV12 号、10 号电抗器转充电 1 次，并进行开关电流互感器极性及相关继电保护差动电流测试工作。

（9）XZ 变电站 7530 开关冷备用转运行，对 750kV XZ 变电站 2 号主变压器充电 2 次。

（10）XZ 变电站 6602B、6623 开关冷备用转运行，对 66kV 7 号电抗器转充电 1 次，并进行 7530、6602B、6623 开关电流互感器极性及相关继电保护差动电流测试工作，进行 750kVⅡ母电压互感器、66kVⅡ母 B 段电压互感器、HENGXIAⅡ线电压互感器、750kV2 号主变压器各侧电压互感器核相工作。

（11）XZ 变电站进行 750kV2 号主变压器 330kV 侧电压互感器与 330kV 运行线路电压互感器定相工作。

（12）将 66kV 7 号、8 号电抗器切、投 1 次，操作完毕后开关为运行状态。

（13）XZ 变电站 7520 开关冷备用转运行，对 750kV XZ 变电站 3 号主变压器充电 2 次。

（14）XZ 变电站 6633 开关热备用转运行，66kV11 号电抗器转运行，并进行 7550、7520、7521 开关电流互感器极性及相关继电保护差动电流测试工作，进行 750kVⅠ母电压互感器、750kVⅡ母电压互感器、66kV Ⅲ母 B 段电压互感器、HENGXIAⅡ线电压互感器、750kV 3 号主变压器各侧电压互感器核相工作。

（15）XZ 变电站进行 750kV3 号主变压器 330kV 侧电压互感器与 330kV 运行线路电压互感器定相工作。

（16）将 XZ 变电站 6633、6603B、7520、7521 开关运行转热备用。

（17）XZ 变电站 7531 开关冷备用转运行，对 750kV XZ 变电站 2 号主变压器充电 1 次。

（18）XZ 变电站 6602B、6623 开关热备用转运行，66kV7 号电抗器转运行，并进行 7531 开关电流互感器极性及相关继电保护差动电流测试工作，进行 750kV Ⅰ母电压互感器、66kV Ⅱ母 B 段电压互感器、HENGXIA Ⅱ线电压互感器、750kV2 号主变压器各侧电压互感器核相工作。

（19）XZ 变电站进行 750kV2 号主变压器 330kV 侧电压互感器与 330kV 运行线路电压互感器定相工作。

（20）将 XZ 变电站 6623、6602B、7531、7550、7552 开关运行转冷备用。

（21）YH 变电站 7511 开关运行转热备用，并退出 YH 变电站 7511 开关过电流保护。

（22）YH 变电站 7531 开关按照要求投入过电流保护。

（23）YH 变电站 7531 开关热备用转运行状态，对 750kV HENGXIA Ⅰ线充电 1 次。

（24）XZ 变电站 7542 开关冷备用转热备用。

（25）XZ 变电站 7542 开关热备用转运行，对 750kV XZ 变电站 Ⅱ母充电 1 次。

（26）XZ 变电站 7530 开关热备用转运行，对 750kV XZ 变电站 2 号主变压器充电 1 次。

（27）XZ 变电站 6602B、6623 开关热备用转运行，66kV 7 号电抗器转运行，并进行 7542 开关电流互感器极性及相关继电保护差动电流测试工作，进行 HENGXIA Ⅰ线电压互感器、750kV 2 号主变压器各侧电压互感器核相工作。

（28）XZ 变电站进行 750kV 2 号主变压器 330kV 侧电压互感器与 330kV 运行线路电压互感器定相工作。

（29）XZ 变电站 6623、6602B、7530、7542 开关运行转冷备用。

（30）YH 变电站 7531 开关运行转热备用，并退出 YH 变电站 7531 开关过电流保护。

（31）YH 变电站 7511 开关热备用转运行，对 750kV HENGXIA Ⅱ线充电 1 次。

（32）XZ 变电站 7552 开关热备用转运行，对 750kV XZ 变电站 Ⅱ母充电 1 次。

（33）XZ 变电站 7550 开关冷备用转运行，对 750kV XZ 变电站 Ⅰ母充电 1 次。

（34）下令将 XZ 变电站 7522、7531 开关按要求投入该开关过电流保护。

（35）XZ 变电站 7531 开关热备用转运行，对 750kV XZ 变电站 2 号主变压器充电 1 次。

（36）XZ 变电站 7522 开关热备用转运行，对 750kV XZ 变电站 3 号主变压器充电 1 次。

（37）XZ 变电站 6603B、6602B、6603A 开关热备用转运行。

（38）XZ 变电站可根据系统电压情况，投入低压电抗进行调压。

（39）YH 变电站 7531 开关热备用转运行，对 750kV HENGXIA Ⅰ线充电 1 次。

（40）YH 变电站 7510、7530 开关热备用转运行。

（41）XZ 变电站 7542 开关热备用转运行。

（42）省调配合 330kV 合环。

（43）XZ 变电站向西北分调申请开始启动 66kV 1 号、2 号站用变压器。

4.3.2 遇到的问题

（1）启动过程中，网调后台无法获取 750kV Ⅰ母 B 相电压数值。

（2）站内主控室后台厂用母线电压显示不正确。

（3）隔离开关合、分位时与其他设备接触后破碎。

4.3.3 原因分析及处理措施

（1）750kV XZ 变电站Ⅰ母 B 相电压至网调后台通信回路接线不正确，仔细检查端口重新连接后恢复正常。

（2）厂用母线电压互感器二次接线错误导致后台无法正确获取母线电压，主变压器停电打开端子箱重新接线后正常。

（3）隔离开关质量不合格，更换后正常。

4.3.4 经验启示及防范措施

（1）严格做好设备验收工作，把好设备质量关，消除由于设备质量问题带来的启动受阻问题。

（2）加强调度数据通信网的建设，保证各变电站与网省调之间数据通信的正确性与可靠性，工程投产前认真做好自动化测点及通信通道测试工作。

（3）启动前再次检查确认设备二次接线，保证二次回路的正确。

4.4 750kV YZ 变电站接入系统启动工程

4.4.1 操作步骤

750kV YZ 变电站接入系统主接线图如图 4－6 所示，YZ 变电站为新建变电站，其设备均为新建设备，包括 YZ 变电站 7510、7512、7530、7531、7532、7550、7551 断路器，2202、2203 断路器，750kV Ⅰ母、Ⅱ母线，66kVⅡ母、Ⅲ母线，6602、6603、6624、6633、6634、6671、6681 断路器，66kV 8 号、11 号、12 号电抗器，5 号、9 号电容器，2 号、3 号主变压器，FENGYA 线 YZ 侧线路高压电抗器及其小抗。由于此新建变电站是破口线路接入到系统中，原线路两侧变电站的所有设备均为已有在运设备，因此本次启动不采取将两侧

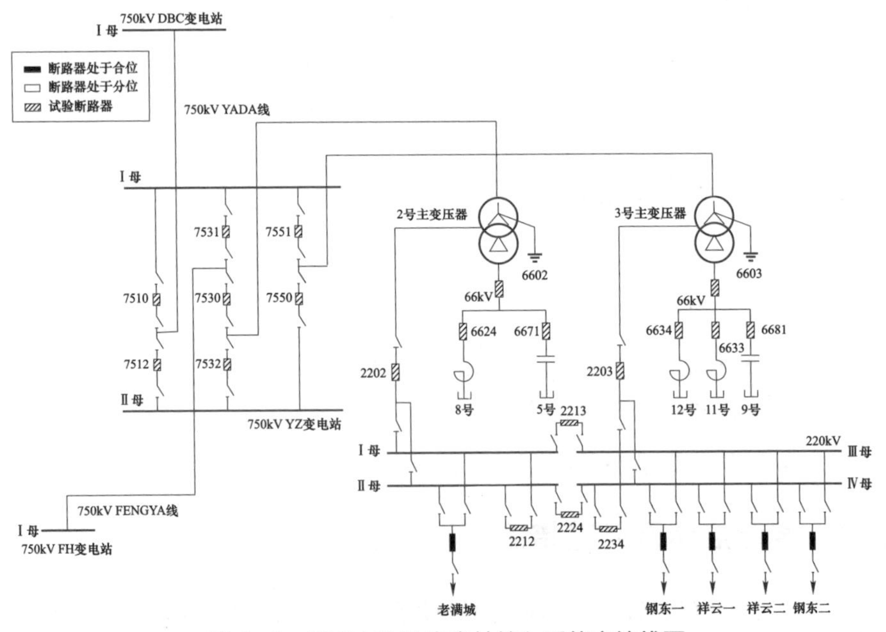

图 4－6　750kV YZ 变电站接入系统主接线图

变电站 750kV 母线倒空作为总后备的操作方式，直接把已有断路器做后备保护断路器。

新设备启动项目共有 7 个大项：① FH 变电站投入 750kV 空载 FENGYA 线试验；② YZ 变电站投切 750kV 空载 YADA 线试验；③ DBC 变电站投切 750kV 空载 YADA 线试验；④ YZ 变电站投切 750kV 空载 FENGYA 线试验；⑤ YZ 变电站 750kV 侧合、解环试验；⑥ YZ 变电站 750kV 侧投切空载主变压器试验；⑦ YZ 变电站 220kV 侧合、解环试验。

项目 1：FH 变电站投入 750kV 空载 FENGYA 线试验。

FH 变电站已投运 750kV 断路器为后备保护断路器，并加载充电过电流保护，无陪停设备，被试设备为 FENGYA 线 YZ 侧线路高压电抗器及其小抗，根据图 3－1，利用流过高压电抗器的无功电流完成被试设备检测工作。

项目 2：YZ 变电站投切 750kV 空载 YADA 线试验。

初始状态为 FENGYA 线空载状态，YZ 变电站被试设备为 7531、7510 断路器、YADA 线，根据图 3－1，利用线路空载电流完成被试设备检测工作。

项目 3：DBC 变电站投切 750kV 空载 YADA 线试验。

DBC 变电站已投运 750kV 断路器为后备保护断路器，并加载充电过流保护，无陪停设备，被试设备为 YADA 线，根据图 3－1 利用 DBC 变电站已投运 750kV 断路器对 YADA 线进行冲击，完成考核工作。

项目 4：YZ 变电站投切 750kV 空载 FENGYA 线试验。

初始状态为 YADA 线空载状态，YZ 变电站被试设备为 7531、7510 断路器、FENGYA 线，根据图 3－1，利用线路空载电流完成被试设备检测工作。

项目 5：YZ 变电站 750kV 侧合、解环试验。

本项试验步骤是投入 FH 变电站相关 750kV 断路器，使 FENGYA 线空载，YZ 变电站 7531、7510 断路器转运行，投入空载 750kVYADA 线，利用 DBC 变电站相关 750kV 断路器进行 DBC 变 750kV 同期合环，然后解环，再把 7531、7510 断路器转热备用，DBC 变电站相关 750kV 断路器带 YADA 线空载线路，利用 YZ 变电站 7531、7510 断路器开展同期合环操作。

项目 6：YZ 变电站 750kV 侧投切空载主变压器试验。

YZ 变电站利用 7512、7532 断路器对 2 号主变压器充电 3 次，利用 6602、

6624 断路器对 8 号低压电抗器投切 3 次，期间进行相关核相和保护相量测量工作。YZ 变电站利用 7530 断路器对 2 号主变压器充电 3 次，利用 6602、6671 断路器对 5 号低容投切 3 次，期间进行相关核相和保护相量测量工作。YZ 变电站利用 7550、7551 断路器分别对 3 号主变压器充电 3 次，利用 6603、6633、6634、6681 断路器对 9 低容、11 号低压电抗器、12 号低压电抗器投切 3 次，期间进行相关核相和保护校核工作。

项目 7：YZ 变电站 220kV 侧合、解环试验。

项目 1～项目 6 完成后，YZ 变电站新建设备均完成相关测试工作。项目 7 完全在 YZ 变电站进行操作，根据图 3－2，利用高压侧 7530、7550 断路器，中压侧 2202、2203、2212 断路器完成本项试验项目。本项试验项目结束后，2 号、3 号主变压器合环运行。

4.4.2 遇到的问题

（1）启动过程中时间跨度长达半年以上，220kV 合环运行已是 2015 年 12 月。

（2）启动 220kV 设备是发现 220kV 电压互感器有分频协助现象。

4.4.3 原因分析及处理措施

（1）受制于建设工期的影响，该工程系统调试长达半年以上，处理完成 220kV 电压互感器谐振问题后，YZ 变电站合环运行。

（2）220kV CVT 的阻尼器不能可靠阻尼铁磁谐振，引起 CVT 二次电压出现 1/3 次分频谐振。将电阻同速饱和电抗型阻尼器方式结合作为新的消谐装置，可消除 CVT 高能量低幅值的分频铁磁谐振。该方案适用性强，实施起来简单方便，对提高智能变电站供电可靠性有参考价值。建议相关 CVT 厂家针对智能变电站的特点及时改进 CVT 抗饱和阻尼器的设计，以适应智能变电站的需要，保证系统安全、稳定运行。厂用母线电压互感器二次接线错误导致后台无法正确获取母线电压，主变压器停电打开端子箱重新接线后正常。

4.4.4 经验启示及防范措施

严格做好设备验收工作，把好设备质量关，消除由于设备质量问题带来的

启动受阻问题。

4.5 750kV KC变电站接入系统启动工程

4.5.1 操作步骤

750kV KC变电站接入系统主接线图如图4－7所示，KC变电站750kV设备、220kV设备、66kV设备、2号主变压器均为新建设备；BZ变电站7531、7530为新建设备；BAKUⅠ线为新建设备。需要注意的是，KC变电站Ⅰ母、Ⅱ母之间有一条跨越导线，这样两条母线本质上是一条母线。

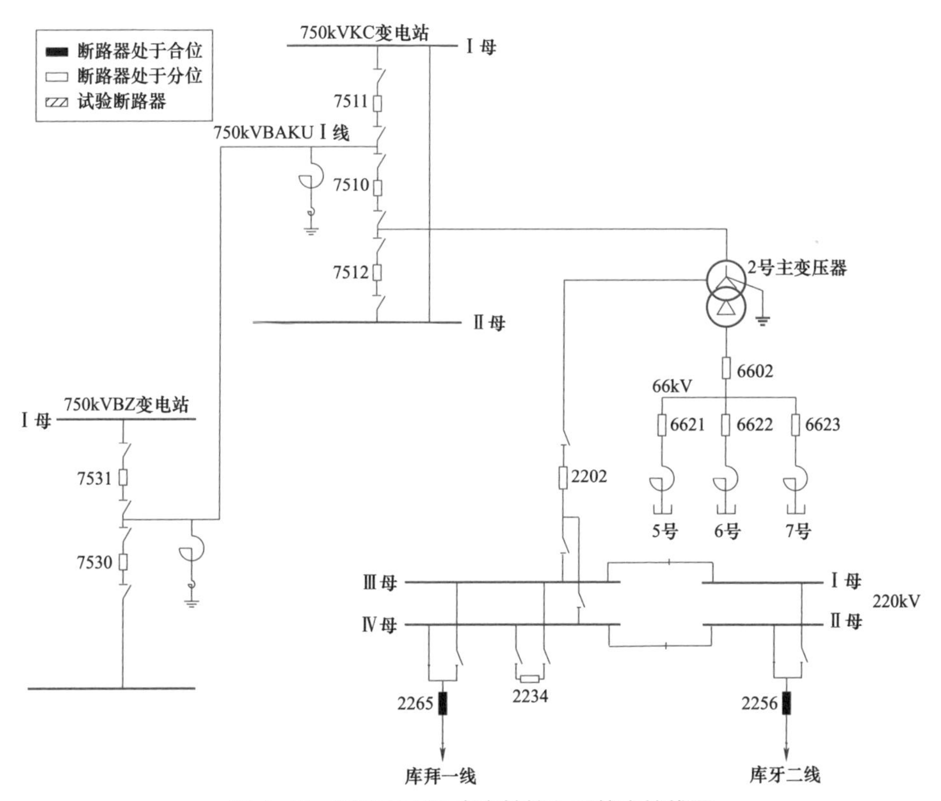

图4－7 750kV KC变电站接入系统主接线图

新设备启动项目共有5个大项：① BZ变电站投切750kV BAKUⅠ线试验；② KC变电站750kV侧投、切空载2号主变压器试验；③ KC变电站66kV

侧投、切低压电抗器试验；④ KC 变电站 220kV 侧合、解环试验；⑤ KC 变电站 750kV 侧解合环试验。

项目 1：BZ 变电站投切 750kV 空载 BAKU Ⅰ线试验。

（1）BZ 变电站已投运 750kV 断路器为后备保护断路器，并加载充电过流保护，陪停设备为 BZ 变电站 750kV Ⅰ母，被试设备为 BZ 变电站 7531 断路器、BKUA Ⅰ线（含线路两侧高压电抗器及其小抗），根据图 3－1，利用线路空载电流完成被试设备检测工作。

（2）BZ 变电站已投运 750kV 断路器为后备保护断路器，并加载充电过电流保护，陪停设备为 BZ 变电站 750kVⅡ母，被试设备为 BZ 变电站 7531 断路器、BKUAI 线（含线路两侧高压电抗器及其小抗），根据图 3－1，利用线路空载电流完成被试设备检测工作。

项目 2：750kV KC 变电站 750kV 侧投、切空载主变压器试验。

项目 3：KC 变 66kV 侧投、切低压电抗器试验。

BZ 变电站已投运 750kV 断路器为后备保护断路器，并加载充电过电流保护，无陪停设备，被试设备为 KC 变电站 7511、7510、7512 断路器，1 号主变压器，5 号、6 号、7 号低压电抗器及 6602、6621、6622、6623 断路器，根据图 3－1，利用 1 号主变压器低压侧 5 号、6 号、7 号低压电抗器的感性电流完成被试设备测试工作。

项目 4：750kV KC 变电站 220kV 侧合、解环试验。

项目 1～项目 3 完成后，BZ、KC 变电站新建设备均完成相关测试工作。项目 4 主要在 KC 变电站进行操作，根据图 3－2，利用高压侧 7512 断路器，中压侧 2201、2234 断路器完成本项试验项目。本项试验项目结束后，1 号主变压器合环运行。

项目 5：750kV KC 变电站 750kV 侧合、解环试验。

本项试验主要利用 KC 变电站 7512 断路器进行一次分－合操作一次，使 KC 变电站 220kV 设备带空载主变压器，达到该项试验目的。BZ、KC 变电站该工程新建断路器未在合闸状态的均转正常运后，即可进入试运行阶段，待试运行阶段完成后，即进入正式运行。

4.5.2 遇到的问题

启动过程中在第一次空充 750kV BAKU Ⅰ线后，发现线路末端电压低于首端电压，此结果与理论计算不符，现场计算人员把此现象反馈给现场总指挥。

4.5.3 原因分析及处理措施

经检查发现，750kV BAKU Ⅰ线 KC 侧的电压互感器二次侧变比设置有误，把电压互感器二次侧变比设置更改后，BAKU Ⅰ线 KC 侧电压与理论计算值吻合。

4.5.4 经验启示及防范措施

变电站现场二次调试人员由于长期高强度工作，难免会出现纰漏，再有由于临近新设备启动日期现场验收人员工作繁忙，容易忙中出错，建议现场二次调试人员和验收人员对细节给予重点关注。

4.6 750kV AKS 变电站接入系统启动工程

4.6.1 操作步骤

750kV AKS 变电站接入系统主接线图如图 4－8 所示，AKS 变电站 750kV 设备、66kV 设备、1 号主变压器为新建设备，220kV 设备已经投运；KC 变电站 7512、7510 为新建设备；KUA Ⅰ线为新建设备。需要注意的是，AKS 变电站 7532、7530、7531 断路器本期工程建成但未投运，不在启动范围，仅仅依靠第一串设备将Ⅰ母、Ⅱ母将设备贯通，故需要加装短引线保护，以保护母线设备。

新设备启动项目共有 5 个大项：① KC 变电站投切 750kV 空载 KUA Ⅰ线试验；② 750kV AKS 变电站 750kV 侧投、切空载主变压器试验；③ 750kV AKS 变电站 220kV 侧合、解环试验；④ AKS 变电站 66kV 侧投、切低压电抗器试验；⑤ 750kV AKS 变电站 750kV 侧合、解环试验。

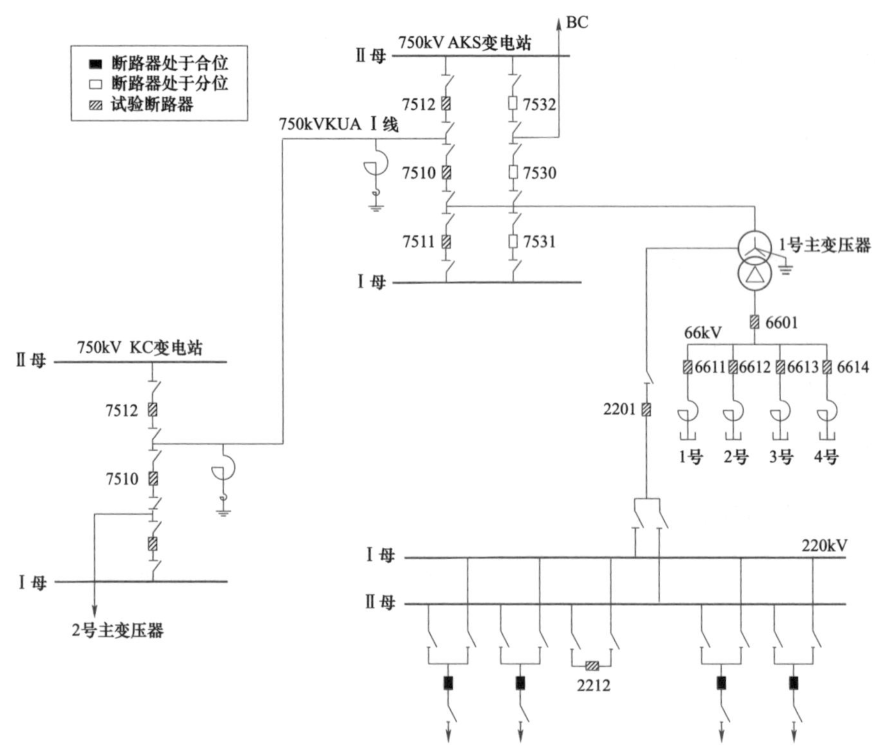

图 4－8 750kV AKS 变电站接入系统主接线图

项目 1：KC 变电站投切 750kV 空载 KUA Ⅰ线试验。

（1）KC 变电站 7511 断路器为后备保护断路器，并加载充电过电流保护，陪停设备为 KC 变电站 750kV Ⅰ母，被试设备为 KC 变电站 7521 断路器、KUA Ⅰ线（含线路两侧高压电抗器及其小抗），根据图 3－1，利用线路空载电流完成被试设备检测工作。

（2）KC 变电站 7512 断路器为后备保护断路器，并加载充电过电流保护，陪停设备为 KC 变电站 750kV Ⅱ母，被试设备为 KC 变电站 7520 断路器，根据图 3－1，利用线路空载电流完成被试设备检测工作。

项目 2：750kV AKS 变电站 750kV 侧投、切空载主变压器试验和项目 3：AKS 变电站 66kV 侧投、切低压电抗器试验。

KC 变电站 7521 断路器为后备保护断路器，并加载充电过电流保护，无陪停设备，被试设备为 AKS 变电站 7511、7510、7512 断路器，1 号主变压器，1 号～4 号低压电抗器，根据图 3－1，利用 1 号主变压器低压侧 1 号～4 号低

压电抗器的感性电流完成被试设备检测工作。

项目 4：AKS 变电站 220kV 侧合、解环试验。

项目 1～项目 3 完成后，KC、AKS 变电站新建设备均完成相关测试工作。项目 4 主要在 AKS 变电站进行操作，根据图 3－2，利用高压侧 7510 断路器，中压侧 2201、2212 断路器完成本项试验项目。本项试验项目结束后，1 号主变压器合环运行。

项目 5：AKS 变电站 750kV 侧合、解环试验。

本项试验主要利用 AKS 变电站 7511 断路器进行一次分－合操作一次，使 AKS 变电站 220kV 设备带空载主变压器，达到该项试验目的。AKS、KC 变电站该工程新建断路器未在合闸状态的均转正常运后，即可进入试运行阶段，待试运行阶段完成后，即进入正式运行。

4.6.2 遇到的问题

启动过程中 KC 变电站 750kV KUA Ⅰ线继电保护动作跳闸。

4.6.3 原因分析及处理措施

在启动过程中，750kV KUA Ⅰ线第三次冲击时，继电保护装置动作，断路器跳闸。经检查，继电保护装置动作正确；断路器内部有放电。更换套管后，经试验合格后，再次投运，正常。

4.6.4 经验启示及防范措施

严格做好设备验收工作，把好设备质量关，消除由于设备质量问题带来的启动受阻问题。

4.7 750kV SC 变电站接入系统启动工程

4.7.1 操作步骤

750kV SC 变电站接入系统主接线图如图 4－9 所示，KS 变电站 750kV Ⅰ

母，7521、7520、7530 断路器及其附属设备，SC 变电站 7531、7530 断路器，KACHE Ⅰ线为新建设备。需要注意的是，KS、SC 变电站均为已投运变电站，其中 CHKA Ⅰ线、CHCHE I 均为运行线路；但 KS 变电站改扩建涉及设备众多，其中 750kV 设备全部停运，1 号主变压器停运，仅 220kV 设备保持运行状态；SC 变电站 7552、7550 断路器已建成但未投运该串线路。

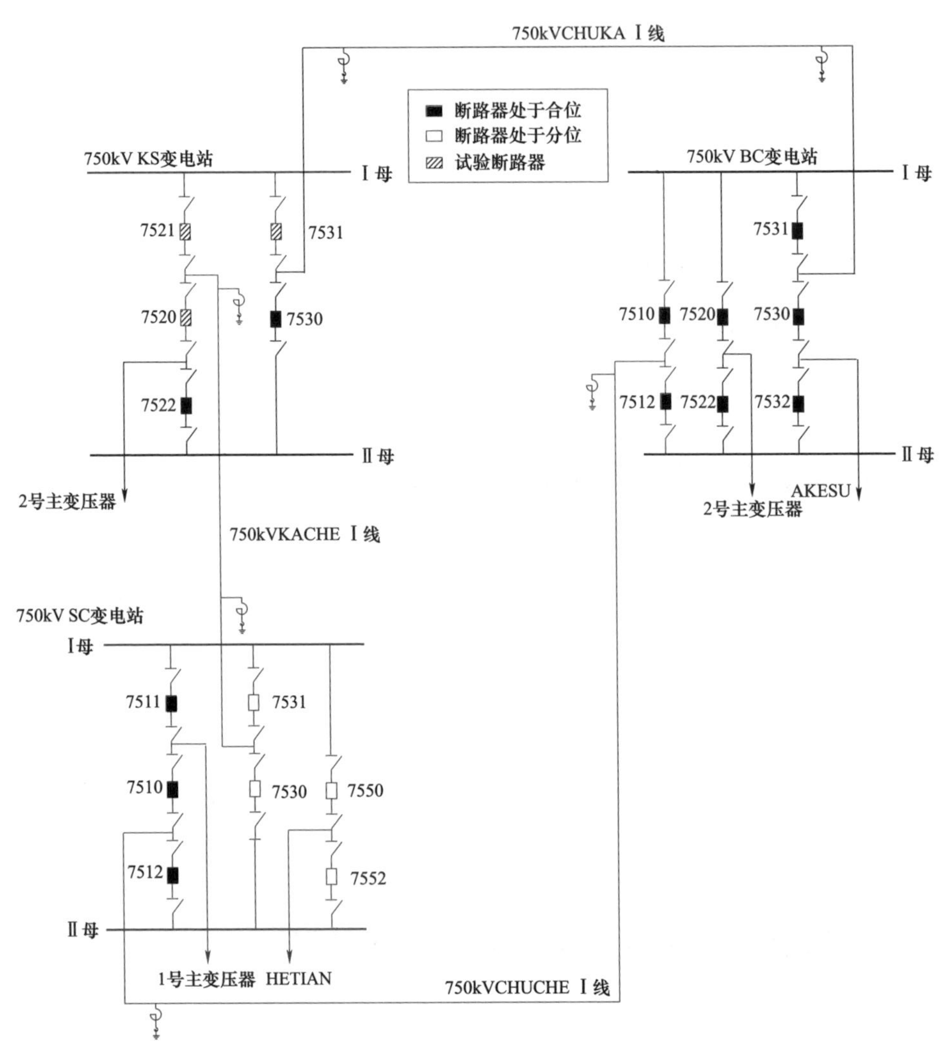

图 4-9　750kV SC 变电站接入系统主接线图

新设备启动项目共有 2 个大项：① KS 变电站投切 750kV 空载 KACHE Ⅰ

线试验；② SC 变电站投切 750kV 空载 KACHE Ⅰ线试验。

项目 1：KS 变电站投切 750kV 空载 KACHE Ⅰ线试验。

（1）BC 变电站 7531 断路器为后备保护断路器，并加载充电过电流保护，陪停设备为 750kV CHKA Ⅰ线，KS 变电站 750kV Ⅰ母，被试设备为 KS 变电站 7531、7521、7520 断路器、KUA Ⅰ线（含线路两侧高压电抗器及其小抗），根据图 3－1，利用线路空载电流完成被试设备 7531、7520 断路器检测工作；利用 2 号主变压器低压侧 7 号低压电抗器感性电流完成被试设备检测工作。完成被试设备相关检测后，将涉及的 7520、7521、7531 断路器分闸。

（2）由于本工程还涉及 KS 变电站 7530、7522 断路器改造工作，故还需要对 7530、7522 断路器进行相关检测。BC 变电站 7531 断路器仍为后备保护断路器，并加载充电过电流保护，陪停设备为 KS 变电站 750kV Ⅱ母，被试设备为 KS 变电站 7530、7522 断路器，根据图 3－1，利用 2 号主变压器低压侧 7 号低压电抗器感性电流完成被试设备检测工作。

全部被试设备相关检测完成后，恢复 750kV CHKA Ⅰ线、KS 变电站 750kV Ⅰ母、Ⅱ母，2 号主变压器正常运行方式；仅保留 KS 变电站 7520、7521 断路器在分闸状态。

项目 2：SC 变电站投切 750kV 空载 KACHE Ⅰ线试验。

（1）SC 变电站 7512 断路器为后备保护断路器，并加载充电过电流保护，陪停设备为 SC 变电站 750kV Ⅱ母，被试设备为 SC 变电站 7530 断路器、KUA Ⅰ线（含线路两侧高压电抗器及其小抗），根据图 3－1，利用线路空载电流完成被试设备检测工作。

（2）SC 变电站 7511 断路器为后备保护断路器，并加载充电过电流保护，陪停设备为 KC 变电站 750kV Ⅰ母，被试设备为 KC 变电站 7530 断路器，根据图 3－1，利用线路空载电流完成被试设备检测工作。

由于 SC 变电站 7550、7552 断路器涉及下一阶段 CHHE Ⅰ线投运，有接入工作，故将 SC 变电站 7550、7552 断路器转检修。所有检测工作完成后，将 KACHE Ⅰ线恢复正常运行方式，进入试运行阶段；待试运行阶段完成后，该工程进入运行阶段。

4.7.2 遇到的问题

启动完成后，试运行期间 KACHE Ⅰ 线 KS 侧高压电抗器 B 相乙炔突增，紧急停运该线路。

4.7.3 原因分析及处理措施

该工程高压电抗器在运输过程中三维冲撞仪动作，现场排油内检后，发现有垫块。现场处理完成后，经试验合格，具备投运条件。KACHE Ⅰ 线带电后，就发现乙炔突然增加，超过注意值，现场确认为内部放电故障，需要返厂检修。返厂解体后，发现放电部位为套管处，无需拆解线圈，在 2019 年 9 月底前完成 KACHE Ⅰ 线的再启动。

4.7.4 经验启示及防范措施

严格做好设备验收工作，把好设备质量关，消除由于设备质量问题带来的启动受阻问题。

4.8 750kV HT 变电站接入系统启动工程

4.8.1 操作步骤

750kV HT 变电站接入系统主接线图如图 4－10 所示，该接入系统涉及 SC、HT 变电站和新建线路，其中，SC 变电站 7550、7552 断路器为新投运设备，其余设备正常运行；750kV CHHEE Ⅰ 线为新建设备；HT 变电站 750kV Ⅰ 母、750 断路器、1 号主变压器及其 66kV 附属设备为新建设备，220kV 设备正常运行。需要注意的是，HT 变电站仅仅依靠第一串设备将 Ⅰ 母、Ⅱ 母设备贯通，故需要加装短引线保护，以保护母线设备。

新设备启动项目共有 6 个大项：① SC 变电站投切 750kV CHEHE Ⅰ 线试验；② HT 变电站 750kV 侧投、切空载 1 号主变压器、低压电抗器试验；③ HT 变电站 220kV 侧合、解环试验；④ HT 变电站 66kV 投切低容试验；⑤ HT 变

电站 66kV 站用变压器启动；⑥ 二次系统抗干扰试验。

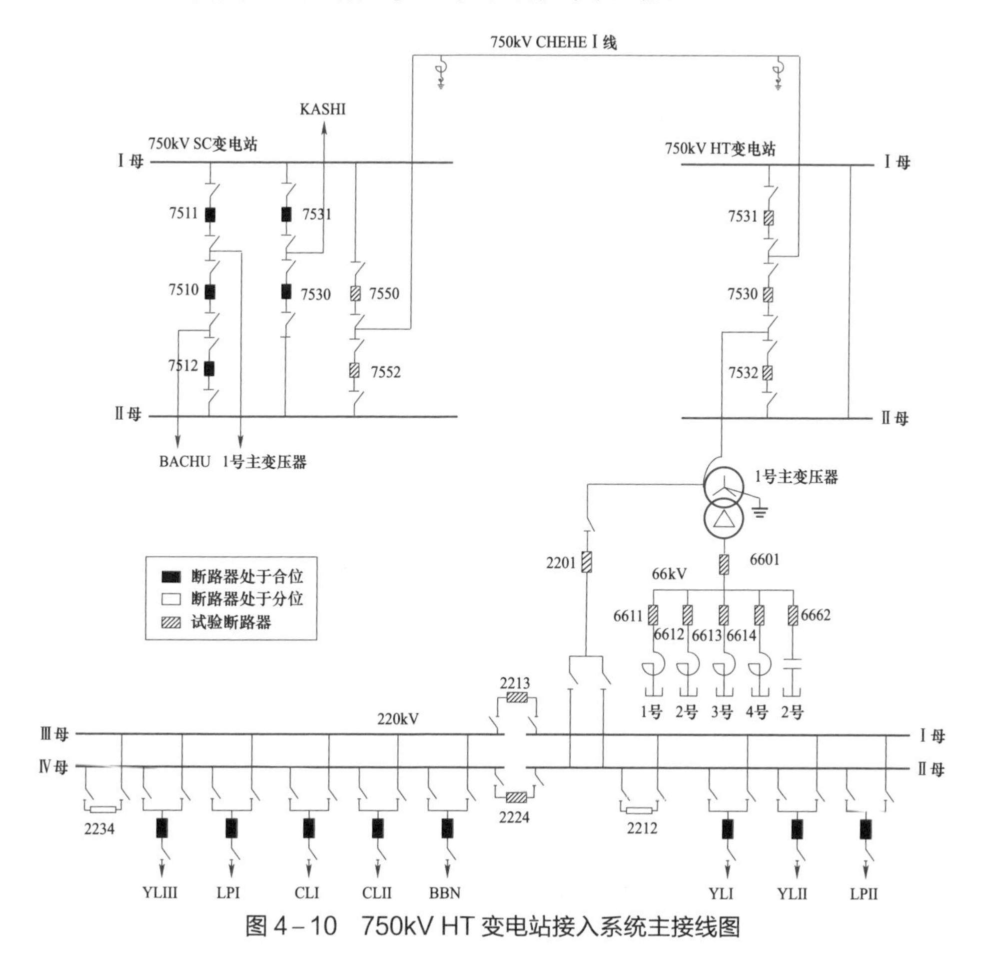

图 4-10　750kV HT 变电站接入系统主接线图

项目 1：SC 变电站投切 750kV CHEHE Ⅰ线试验。

（1）SC 变电站 7512 断路器为后备保护断路器，并加载充电过电流保护，陪停设备为 SC 变电站 750kV Ⅱ母，被试设备为 SC 变电站 7552 断路器、KUA Ⅰ线（含线路两侧高压电抗器及其小抗），根据图 3-1，利用线路空载电流完成被试设备检测工作。

（2）SC 变电站 7511 断路器为后备保护断路器，并加载充电过电流保护，陪停设备为 KC 变电站 750kV Ⅰ母，被试设备为 KC 变电站 7550 断路器，根据图 3-1，利用线路空载电流完成被试设备检测工作。

项目 2：HT 变电站 750kV 侧投、切空载 1 号主变压器、低压电抗器试验。

（1）SC 变电站 7552 断路器为后备保护断路器，并加载充电过电流保护，无陪停设备，被试设备为 HT 变电站 7531、7530、7532 断路器，1 号主变压器，1～4 号低压电抗器，根据图 3－1，利用 1 号主变压器低压电抗器感性电流完成被试设备检测工作。

值得注意的是，由于 HT 变电站该期工程仅有线变组（即单线、单变）且在同一串上，故需要对 3 台被试断路器分 2 次对主变压器投切，一是利用 HT 变电站 7530 断路器投切 1 号主变压器 2 次；二是在 HT 变电站 7530 断路器分闸情况线，依次对 7531、7532 断路器进行合闸操作，再对 1 号主变压器投切 2 次。

（2）SC 变电站 7511 断路器为后备保护断路器，并加载充电过电流保护，陪停设备为 KC 变电站 750kV Ⅰ母，被试设备为 KC 变电站 7530 断路器，根据图 3－1，利用线路空载电流完成被试设备检测工作。

项目 3：HT 变电站 220kV 侧合、解环试验。

项目 1 和项目 2 完成后，SC、HT 变电站除 HT 变电站低压电容器外，新建设备均完成相关测试工作。项目 3 主要在 HT 变电站进行操作，根据图 3－2，利用高压侧 7530 断路器，中压侧 2201、2212 断路器完成本项试验项目。本项试验项目结束后，1 号主变压器合环运行。本期新建设备除低压电容器外均在运行状态。

项目 4：HT 变电站投切 66kV 低容试验。

750. 220kV 电网运行方式已调整到位，具备 HT 变电站投切 66kV 低压电容器试验条件（该地区处于电网末端，系统稳态电压较高，需要调整运行方式和母线电压，以达到该项试验条件）。在 HT 变电站利用 6662 断路器对 2 号电容器切、投 3 次，操作完毕后，根据系统实际电压情况进行投退低压无功补偿装置。

项目5：HT 变电站66kV 站用变压器启动。

（1）HT 变电站值班长向西北分调调度员申请开始启动 66kV1 号站用变压器及 6651 开关。

（2）HT 变电站 66kV1 号站用变压器启动完毕且 6651 开关电流互感器极

性及相关继电保护差动电流测试。

项目 6：二次系统抗干扰试验。

本项试验在启动过程中穿插进行。

4.8.2　遇到的问题

本工程在启动过程中没有出现设备问题，但由于 HT 电网非常薄弱，本工程投产后存在着过电压和低电压风险，因此需要根据潮流稳定计算分析结果进行相关的风险预控。

4.8.3　原因分析及处理措施

考虑 750kV CHEHE Ⅰ线投运并合环后，750kV CHEHE Ⅰ线 CHE 侧跳闸，在 HT 变电站投入不同组数低压电抗器，会产生不同的电压结果，在 HT 变电站只有一组低压电抗器在运时，发生上述故障会导致 750kV CHEHE Ⅰ线全线电压超过 840kV，若在 HT 变电站有四组低压电抗器在运行时，发生上述故障会导致 750kV HT 变电站 750kV 母线电压低于 700kV，HT 变电站 220kV 母线电压接近 200kV，若不采取措施会使 HT 电网垮网。

为避免上述问题的出现，西北调控分中心提前采取预控措施，使得发生此故障后立即切除 750kV CHEHE Ⅰ线 HEHT 变电站低压电抗器。

4.8.4　经验启示及防范措施

从此案例中，可以看出 750kV 输变电工程的新设备启动，实际上存在着很多风险，需要通过潮流稳定计算分析来发现一些系统性风险，并提供给主管工程投运的调控部门，由调控部门来采取相应措施进行预控，这样可以避免相关投运和运行风险。

运行设备大修、更换后的启动案例

运行设备大修、更换后的启动的目的与新建 750kV 输变电工程的启动目的没有区别，运行设备大修、更换的原因在于老旧设备的参数已经不能满足系统运行的需要，为此必须进行大修或更换，使得更新后的参数与系统运行的需求匹配。

5.1 750kV WCW 变电站全站合并单元改造后启动

5.1.1 操作步骤

750kV WCW 变电站全站合并单元改造后系统主接线图如图 5-1 所示，该接入系统涉及 WB、WCW、JJH 变电站和 HL 电厂，无新建设备，但涉及合并单位改造的断路器均按照新设备进行启动，即图 5-1 中标红的断路器，具体如下所述。

WB 变电站：7522、7520 断路器。WCW 变电站：7511、7510、7512、7522、7532、7541、7540、7542、7550、7552、7561、7560、7562 断路器，图 5-1 中虚线框内第 4～6 串靠近 750kV Ⅱ 母侧断路器与中断路器合并使用，为后期 CJ 换流站交流场接线预留三回出线间隔。JJH 变电站：7551、7550 断路器。HL 电厂：7511、7510 断路器。该工程启动前，按照调度指令，HL 电厂 1 号

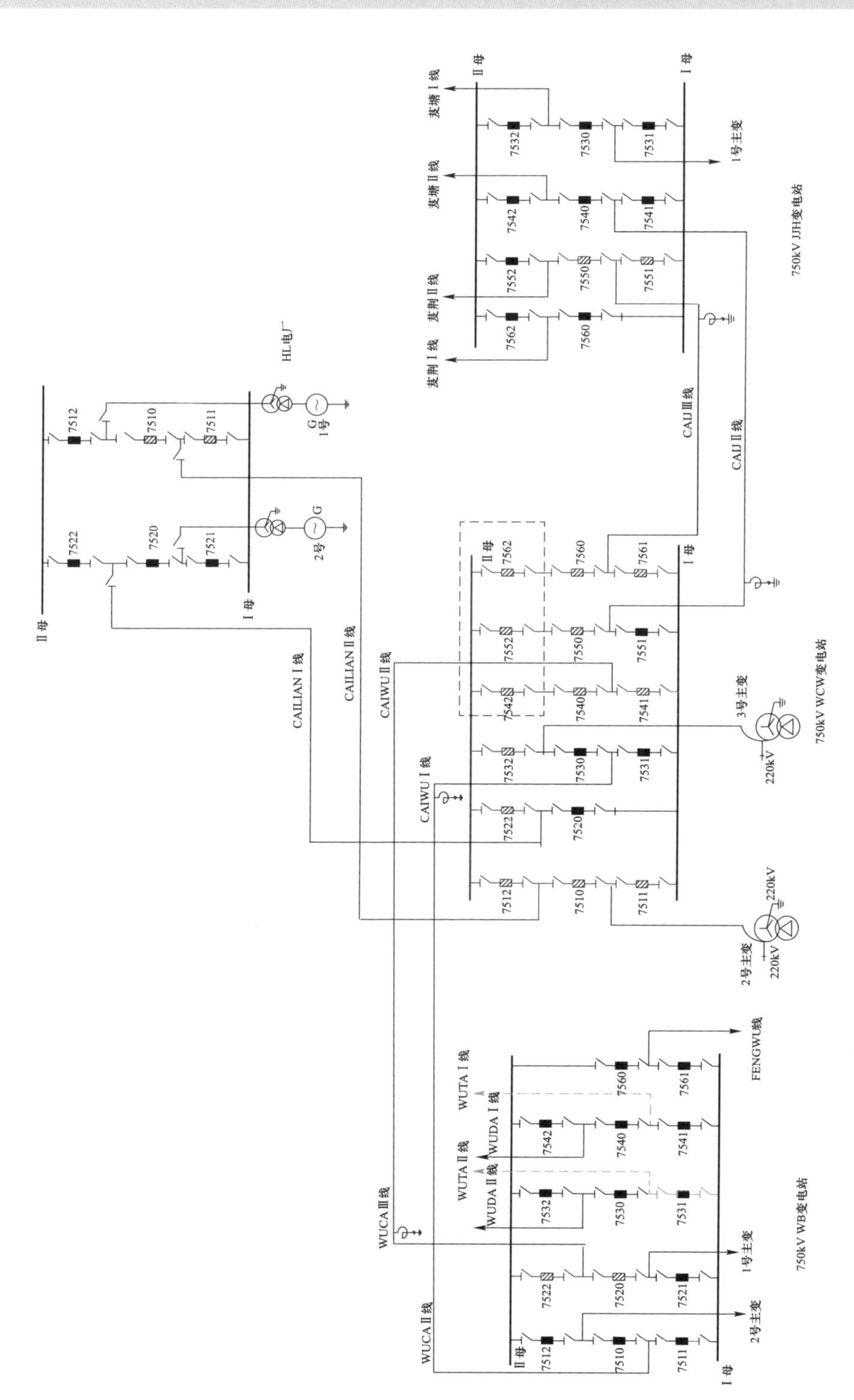

图 5－1　750kV WCW 变电站全站合并单元改造后系统主接线图

机组已经停运，以配合相关设备大修、改造。值得注意的是，上述断路器仅仅改造了合并单元，断路器本体和相关继电保护配置均为改动，均具备设置后备保护断路器的条件。

项目 1：HL 电厂投切 CAILIANⅡ线。

（1）HL 电厂 7521 断路器为后备保护断路器，并加载充电过电流保护，陪停设备为 HL 电厂Ⅰ母，被试设备为 HL 电厂 7511 断路器，根据图 3－2，利用 CAILIANⅡ线路空载电流完成被试设备检测工作。

（2）HL 电厂 7512 断路器为后备保护断路器，并加载充电过电流保护，无陪停设备，被试设备为 HL 电厂 7510 断路器，根据图 3－2，利用 CAILIANⅡ线路空载电流完成被试设备检测工作。

项目 2：JJH 变电站投切 CAIJⅢ线。

（1）JJH 变电站 7551 断路器为后备保护断路器，并加载充电过电流保护，无陪停设备，被试设备为 JJH 变电站 7551 断路器，根据图 3－2，利用 CAIJⅢ线路空载电流完成被试设备检测工作。

（2）JJH 变电站 7550 断路器为后备保护断路器，并加载充电过电流保护，无陪停设备，被试设备为 JJH 变电站 7550 断路器，根据图 3－2，利用 CAIJⅢ线路空载电流完成被试设备检测工作。

项目 3：WB 变电站投切 WUCAⅢ线、CAIJⅢ线。

WB 变电站 7532 断路器为后备保护断路器，并加载充电过电流保护，陪停设备为 750kVⅡ母，被试设备为 WB 变电站 7532 断路器，WCW 变电站 7540、7542 断路器，750kVⅡ母，7560、7562 断路器，根据图 3－2，利用 WBWUCAⅢ线、CAIJⅢ线线路空载电流完成被试设备检测工作。该项试验完成后，WB 变电站 7532 断路器合闸，投入 WBWUCAⅢ线。

项目 4：WCW 变电站投切 CAILIANⅡ线、2 号主变压器。

WCW 变电站 7542 断路器为后备保护断路器，并加载充电过电流保护，陪停设备为 WCW 变电站 750kVⅡ母，2 号主变压器，HL 电厂 7512、7510 断路器，被试设备为 WCW 变电站 7512 断路器，根据图 3－2，利用 CAILIANⅡ线线路空载电流、2 号主变压器低压电抗器感性电流完成被试设备检测工作。本项试验结束后，WCW 变电站 2 号主变压器恢复正常运行，CAILIANⅡ线恢

复正常运行。

项目5：WCW变电站投切CAILIANⅠ线、CAIJⅡ线、3号主变压器。

CW变电站7542断路器仍为后备保护断路器，并加载充电过电流保护，陪停设备为750kVCAILIANⅠ线、WCW变电站3号主变压器、CAIJⅡ线，被试设备为WCW变电站7522、7532、7550、7552断路器，根据图3-2，利用CAILIANⅠ线线路空载电流、3号主变压器低压电抗器感性电流完成被试设备检测工作。

本项试验结束后，WCW变电站3号主变压器恢复正常运行，CAILIANⅠ线、CAIJⅢ线复正常运行。该操作完成后，WB变电站7532、7530断路器；JJH变电站7551、7550断路器；HL电厂75111、7510：WCW变电站7512、7510、7522、7520、7531、7530、7532、7542、7550、7552、7560、7562断路器均在合闸位置，靠近750kVⅠ侧断路器均完成考核。

项目6：WCW变电站投切2号主变压器、CAIWUⅡ线、JICAⅢ线。WCW变电站7520断路器为后备保护断路器，并加载充电过电流保护，陪停设备为750kV CAIJⅡ线、WCW变电站2号主变压器、CAIWUⅡ线、JICAⅢ，被试设备为WCW变电站7511、7541、7561断路器，根据图3-2，利用CAILIANⅠ线线路空载电流、3号主变压器低压电抗器感性电流完成被试设备检测工作。

本项试验项目结束后，该工程全部设备均在运行状态。

5.1.2 遇到的问题

（1）WCW变电站合并单元改造工程对网架削弱影响较大，750、220kV系统运行方式安排均较为困难，对外送、新能源消纳和WCW地区供电可靠性和电能替代有较大影响。

（2）本次第三阶段改造完成后，恢复送电的断路器多达13台（含扩建新增3台），送电方案复杂繁琐，送电操作量较大，送电时间长达4天，造成恢复送电过程中操作及电网运行风险加大。

（3）送电过程中，出现CAILIANⅠ线、Ⅱ线3相隔离开关合闸不到位情况，现场进行了临时处理，造成送电时间延长。

5.1.3 原因分析及处理措施

（1）本次改造方案重点考虑了改造范围、停电方式及工期要求，未充分全面考虑每个阶段恢复送电所需系统条件及对电网新能源消纳等方面影响，由于后续启动过程中，由于陪停设备较多、送电时间较长，对电网能源消纳、电网运行控制影响较大。编写启动方案时，通过加强新能源消纳发电预测，合理安排电网运行方式，在对电网影响尽可能小的方式下安排启动送电工作，同时现场严格按照送电方案，合理安排操作人员倒班操作，确保送电恢复过程安全并将对电网造成的影响降至最小。

（2）经现场检查，隔离开关动触头引弧板过厚，在合闸过程中与静触头引弧触指卡涩，造成动触头无法翻转合闸到位。现场进行临时调整后，保障隔离开关合闸到位。安排厂家出具方案，对同类型的隔离开关动触头引弧板进行了改进，结合停电计划陆续整改同类设备。

5.1.4 经验启示及防范措施

（1）针对变电站全站设备轮停改造过程中，母线保护、录波器及稳控等公用设备改造、停电方式应进一步深入研究，在设备停电改造前应全面、细致研究优化制定改造方案，充分考虑设备停送电所需注意事项及对电网造成的影响，并根据电网运行方式、新能源发电情况、启动安排等多方面因素优化设备停电时序、停电范围。

（2）由于 CAILIAN Ⅰ线、Ⅱ线使用的同类隔离开关在 750kV 变电站首次使用，投产前对其结构未深入分析，未研判到动静触头之间的配合存在问题。后续工程中针对首次应用新型设备应加强深入分析，提前检查、了解、掌握设备性能，避免投产时因设备特性问题导致新设备启动受阻。

5.2 750kV JQ 变电站 2 号主变压器 C 相更换后启动

5.2.1 操作情况

750kV JQ 变电站 2 号主变压器主接线如图 5－2 所示。

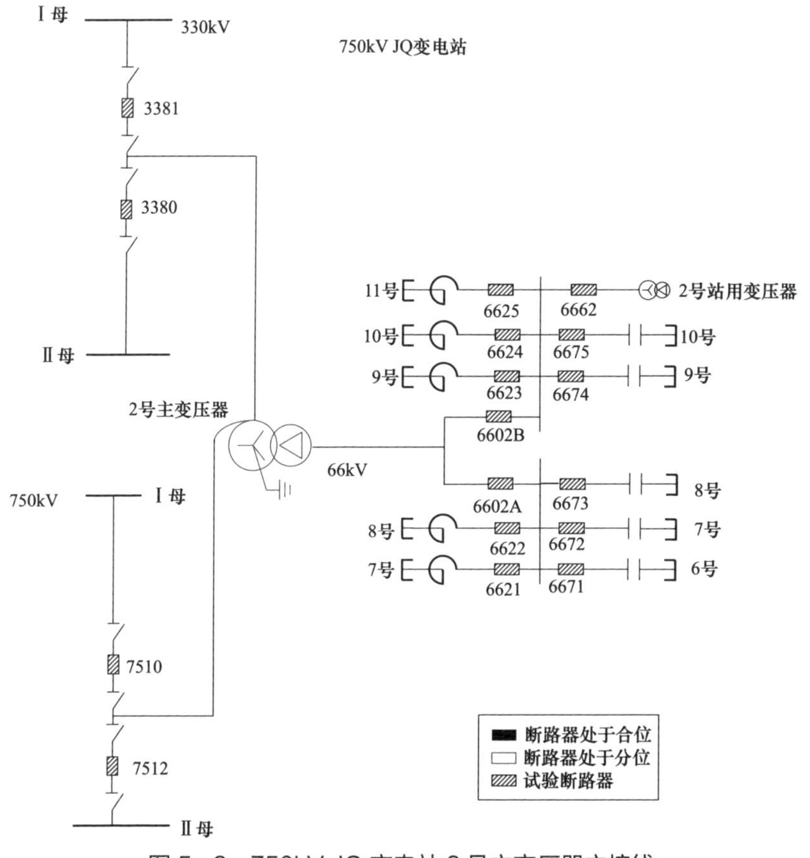

图 5-2　750kV JQ 变电站 2 号主变压器主接线

JQ 变电站 7512 断路器为后备保护断路器，并加载充电过电流保护，陪停设备为 750kVⅡ母线、JQ 变电站 2 号主变压器及其 66kV 设备，被试设备为 JQ 变电站 7512 断路器，根据图 3-1，利用 2 号主变压器低压电抗器感性电流进行被试设备检测工作，当进行到 6602A 开关向 66kVⅡ母 A 段充电时，充电后检查电压时发现保护、测量、计量电压均异常，A 相电压 54V、B 相电压 59.4V，C 相电压 53.5V。判定 66kVⅡ母 A 段电压异常，启动终止，进入故障处理阶段。待故障处理后，重新启动。

5.2.2　遇到的问题

2019 年 1 月 8 日，JQ 变电站 2 号主变压器 C 相更换工作完工，12 时 20 分开始，2 号主变压器启动投运，启动方案需对主变压器进行三次充电，在完成第二次充电正常后，合上 6602A 开关向 66kVⅡ母线 A 段充电，66kVⅡ母线 A 段电压互感器带电后，发现 A 段电压互感器二次电压不平衡，在电压互感器二次端子箱测量 A 相 54V、B 相 59.4V、C 相 53.5V，由于电压不平衡，暂停启动。

5.2.3 原因分析及处理措施

产生三相电压不平衡原因：因该主变压器 A、B、C 相三相由不同的制造公司生产，设计和结构不同，造成绕组入口对地等效电容值不平衡，造成低压侧三相对地电压不平衡。存在三相电压不平衡横将对变压器造成不利的影响。

（1）三相不平衡运行会造成变压器三角形接线框架内形成较大环流，将增加变压器的损耗，还会造成变压器运行电流过大，局部金属件温升增大，影响变压器安全运行。同时，三相不平衡（即存在负序电流分量）过大时会引起保护装置误动。

（2）根据计算分析，本次 JQ 变发电站 2 号主变压器三相不平衡主要集中在 66kV 侧，且 66kV 侧电压不平衡量较小，对变压器造成的环流损耗在可接受的范围内，不会造成继电保护误动等情况，为提高 JQ 地区供电可靠性，允许该主变压器临时接入电网运行，同时针对 2 号主变压器运行状态加强监控分析，待返厂维修的原故障相主变压器检修完毕后及时更换安装。

5.2.4 经验启示及防范措施

（1）加强待更换设备的参数比对工作，更换前三相变压器进行各项参数对比（尤其内部参数、结构的分析）。

（2）针对新投产主变压器加强设备运行状态在线检测，积极开展设备精确测温、设备取样分析工作，定期开展铁芯、夹件接地电流测试等工作。

5.3 750kV TLF－TS 输变电工程启动送电

5.3.1 操作步骤

750kV TLF、HM 变电站和 TS 换流站的主接线如图 5－3 所示，该工程

的主要目的是将原来的 TLF－HM 双回线改接到 TS 换流站，主要分两个阶段实施。

新设备启动项目两个阶段共有 8 个大项：① TLF 变电站投切空载 750kV TUTIAN Ⅰ线试验；② YS 换流站投切空载 750kV TIANTU Ⅰ线试验；③ HM 变电站 7532、7530 开关电流互感器极性校验；④ TS 换流站投切新增 66kV 新增电抗器试验；⑤ HM 变电站投切 750kV 2 号母线高压电抗器试验；⑥ TLF 变电站投切空载 750kV TUTIAN Ⅱ线试验；⑦ TS 换流站投切空载 750kV TIANTU Ⅱ线试验；⑧ 二次系统抗干扰试验。

阶段 1：如图 5－3（a）所示，750kV TUHA Ⅱ线运行，750kV TUHA Ⅰ线改接至 TS 换流站，即 750kV TUTIAN Ⅱ线运行。涉及 TLF、HM 变电站和 TS 换流站，已经新建 TUTIAN Ⅱ线路，其中 TLF 变电站 7540、7542 断路器为陪停设备，其余设备正常运行；HM 变电站 7532、7530 断路器为陪停设备，其余设备正常运行；TS 换流站 7512 断路器及 9 号、16 号低压电抗器为新建设备，7510 断路器为陪停设备，其余设备正常运行。该阶段主要完成试验 4－7。

阶段 2：如图 5－3（b）所示，750kV TUHA Ⅱ线改接至 TS 换流站，即 750kV TUTIAN Ⅱ线投运。涉及 TLF、HM 变电站和 TS 换流站，已经新建 TUTIAN Ⅲ线路，其中 TLF 变电站 7550、7552 断路器为陪停设备，其余设备正常运行；HM 变电站 7542、7540 断路器为陪停设备，2 号母线高压电抗器为新建设备，其余设备正常运行；TS 换流站 7521、7520 断路器为陪停设备，9 号、16 号低压电抗器为新建设备，其余设备正常运行。该阶段主要完成试验 4－8。

第一阶段：

项目 1：TLF 变电站投切空载 750kV TUTIAN Ⅰ线。

（1）TLF 变电站 7542 断路器为后备保护断路器，并加载充电过电流保护，无陪停设备，被试设备 TUTIAN Ⅰ线（含线路两侧高压电抗器及其小抗），根据图 3－2，利用线路空载电流完成被试设备检测工作。

（2）TLF 变电站 7540 断路器为后备保护断路器，并加载充电过流保护，无陪停设备，被试设备 TUTIAN Ⅰ线（含线路两侧高压电抗器及其小抗），根据图 3－2，利用线路空载电流完成被试设备检测工作。

项目 2：TS 换流站投切空载 750kV TIANTU Ⅰ线。

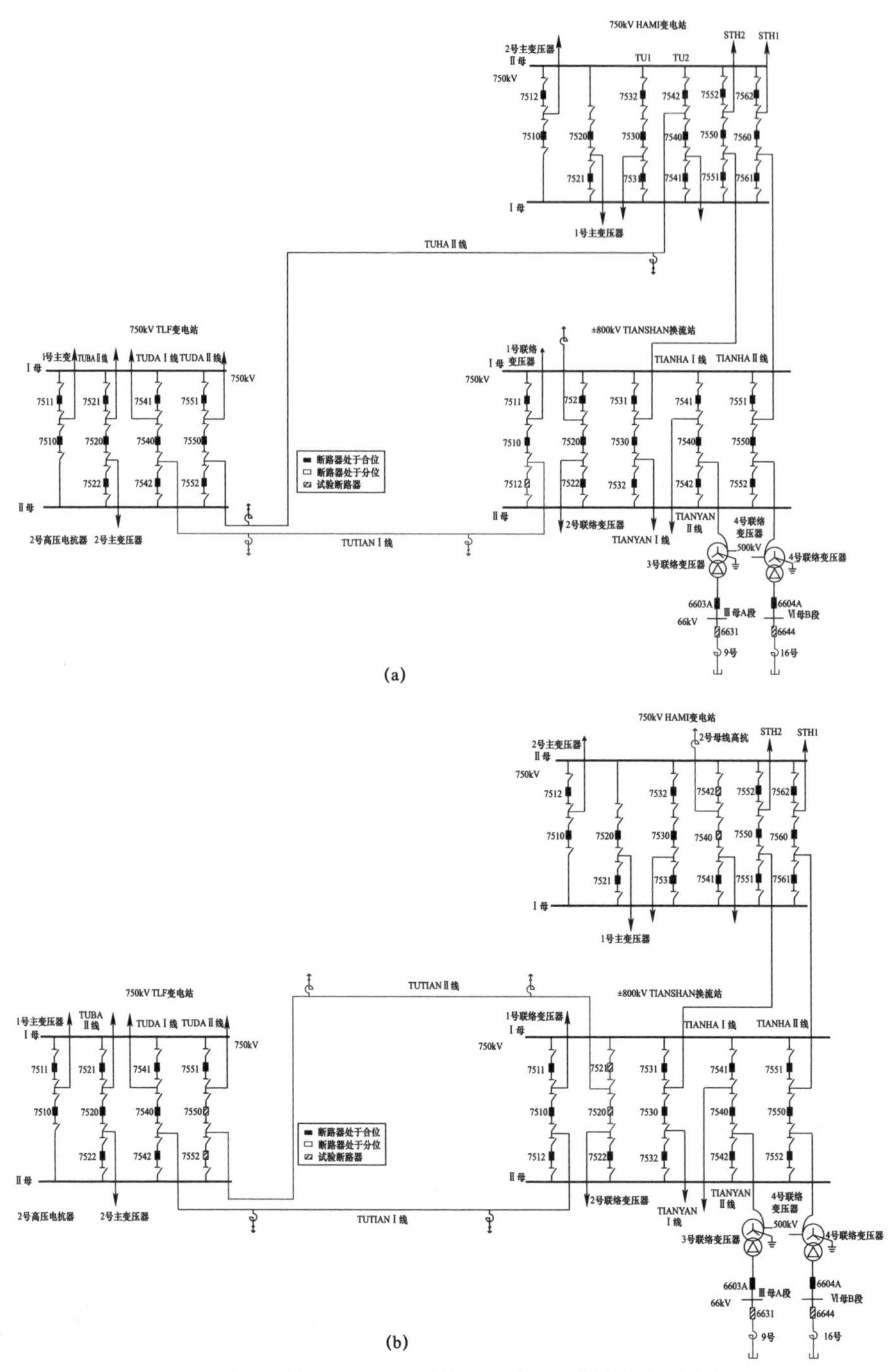

图 5-3　750kV TLF、HM 变电站和 TS 换流站接线图

（a）第一阶段；（b）第二阶段

（1）TS 换流站 7532 断路器为后备保护断路器，并加载充电过流保护，陪停设备为 750kVⅡ母，被试设备为 TS 换流站 7512 断路器和 TUTIANⅠ线（含线路两侧高压电抗器及其小抗），根据图 3－1，利用线路空载电流完成被试设备检测工作。

（2）TS 换流站 7510 断路器为后备保护断路器，并加载充电过电流保护，无陪停设备，被试设备 TUTIANⅠ线（含线路两侧高压电抗器及其小抗），根据图 3－2，利用线路空载电流完成被试设备检测工作。

该项操作后，被试设备考核完成，TUTIANⅠ线恢复正常运行。

项目 3：HM 变电站 7532、7530 断路器电流互感器极性校验。

（1）HM 变电站 7532 断路器为后备保护断路器，并加载充电过电流保护，无陪停设备，被试设备为该间隔引线电压互感器，根据图 3－2，利用系统电压完成被试压互感器核相工作。

（2）HM 变电站 7530 断路器为后备保护断路器，并加载充电过电流保护，陪停设备为 HADUNⅡ线，被试设备为 HM 变电站 7530、7532 断路器间隔引线电压互感器，根据图 3－1，利用线路空载电流完成被试断路器电流互感器极性及相关继电保护差动电流测试工作。

完成测试后，HM 变电站 7532、7530 断路器恢复正常运行。

第二阶段：

项目 4：TS 换流站投切新增 66kV 低压电抗器试验

（1）TS 换流站 6631 断路器为后备保护断路器，并加载充电过电流保护，无陪停设备，被试设备为 9 号低压电抗器，根据图 3－1，利用低压电抗器感性电流完成被相关测试工作。

（2）TS 换流站 6644 断路器为后备保护断路器，并加载充电过电流保护，无陪停设备，被试设备为 16 号低压电抗器，根据图 3－1，利用低压电抗器感性电流完成被相关测试工作。

完成测试后，根据系统电压对 9 号、16 号低压电抗器进行投退。

项目 5：HM 变电站投切 750kV 2 号母线高压电抗器试验。

HM 变电站 7542、7540 断路器为后备保护断路器，并加载充电过电流保护，无陪停设备，被试设备为 HM 变电站母线高压电抗器，根据图 3－2，利用高压电抗器感性电流完成相关测试工作。

测试工作完成后，HM 变电站 7542、7540 断路器恢复正常运行方式，2 号母线高压电抗器正常运行。

项目 6：TLF 变电站投切 750kV 空载 TUTIAN Ⅱ线。

TLF 变电站 7542、7540 断路器为后备保护断路器，并加载充电过电流保护，无陪停设备，被试设备为 TUTIAN Ⅰ线，根据图 3－1，利用线路空载电流完成相关测试工作。

项目 7：TS 换流站投切 750kV 空载 TUTIAN Ⅱ线。

HM 换流站 7521、7520 断路器为后备保护断路器，并加载充电过电流保护，无陪停设备，被试设备为 TUTIAN Ⅰ线，根据图 3－1，利用线路空载电流完成相关测试工作。

测试完成后，TUTIAN Ⅱ恢复正常运行，本期工程相关断路器均在合闸状态。

项目 8：二次系统抗干扰试验。

在上述项目操作中进行。

5.3.2 遇到的问题

（1）TUTIAN 双线线路参数测试较为困难。

（2）通过 TUTIAN 双线投切试验录波图发现，与电磁暂态计算的线路首末端压差略有误差。

5.3.3 原因分析及处理措施

（1）TUTIAN 双线线路长度接近 400km，为目前最长的 750kV 输电线路，且为平行架设，间距为 80～100m。测量 TUTIAN Ⅰ线时，TUHA Ⅱ线运行；测量 TUTIAN Ⅱ线时，TUTIAN Ⅰ线运行，故两次测试过程中，存在感应电压，且感应电压较大，基本在一般测试仪器承受的上限，现场测试时通过调配高精度、抗干扰能力强的测量仪器完成 TUTIAN 双线线路参数测试。

（2）经分析原因为，线路靠近 TS 换流站侧新建 27km 线路交差跨越处较

多，合计 100 多处，涵盖各类电压等级，线路之间互感和相间电容影响较大，导致仿真结果出现偏差。TUTIAN Ⅱ 线出现同样的问题，原因也相同。

5.3.4 经验启示及防范措施

（1）针对交叉跨越较多、线路较长的 750kV 线路进行参数测试时，应提前制订较为详细、可行的测试方案，提前与相关部门做好沟通审批工作，使测试工作安全、可靠、顺利地完成。

（2）考虑超高压长线路由于交叉跨越电容效应可能引起的过电压情况，应进一步开展相关专题研究进行定量分析，积累相关经验。

6

新建电厂发变组启动案例

新建电厂发变组启动的目的与新建 750kV 输变电工程的启动目的类似，但不同点在于新建电厂包括发变组继电保护的相量测量与发变组电压互感器核相工作。

6.1 XY 电厂倒送电工程

6.1.1 操作步骤

750kV ZJ 电厂、XY 电厂与 JJH 变电站主接线如图 6－1 所示，XY 电厂为新接入 750kV 电网，通过新建、改建 750kV YOUJI、ZIYOU 线分别与 JJH 变电站、ZJ 电厂相连。其中，JJH 变电站 7560、756 断路器为陪停设备，其余设备正常运行；XY 电厂 750kV 设备均为新建设备；ZJ 电厂 7521、7520 断路器以及 2 号机组为陪停设备，7531、7532 断路器以及母线高压电抗器为新建设备。

新设备启动项目主要有 3 个大项：① JJH 变电站投切空载 750kV YOUJI、ZIYOU 线试验；② ZJ 电厂投切空载 750kV YOUJI、ZIYOU 线试验；③ ZJ 电厂投切母线高压电抗器试验。

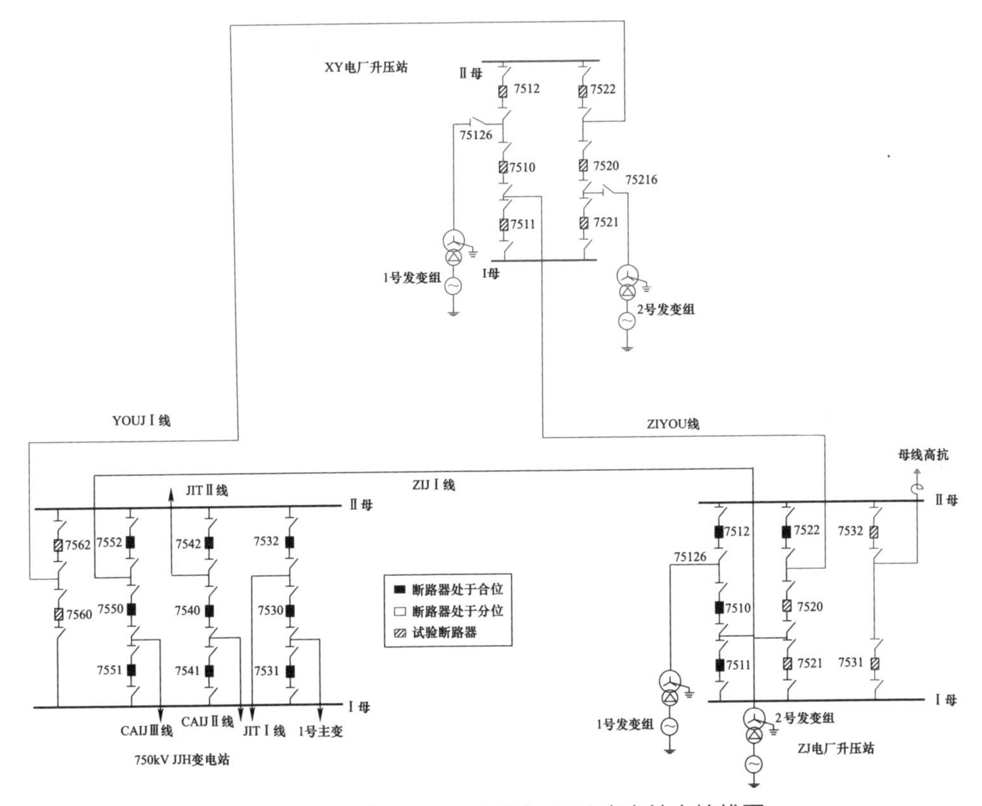

图 6－1 ZJ 电厂、XY 电厂与 JJH 变电站主接线图

项目 1：JJH 变电站投切空载 750kV YOUJI、ZIYOU 线试验。

JJH 变电站 7562 断路器为后备保护断路器，并加载充电过电流保护，无陪停设备，被试设备为 YOUJI、ZIYOU 线和 XY 电厂 7520、7521、7511 断路器，根据图 3－1，利用线路空载电流完成被试设备检测工作。

项目 2：ZJ 电厂投切空载 750kV YOUJI、ZIYOU 线试验。

ZJ 电厂 7520 断路器为后备保护断路器，并加载充电过电流保护，无陪停设备，被试设备为 YOUJI、ZIYOU 线和 XY 电厂 7510、7512、7521 断路器，根据图 3－1，利用线路空载电流完成被试设备检测工作。

测试工作完成后，750kV YOUJI、ZIYOU 恢复正常运行，JJH 变电站和 ZJ 电厂 7520 断路器恢复正常运行。YX 电厂升压站 750kV 断路器均在合闸位置，为运行状态。

项目 3：ZJ 电厂投切空载 750kV 母线高压电抗器试验。

（1）ZJ 电厂 7522 断路器为后备保护断路器，并加载充电过电流保护，无陪停设备，被试设备为 7532 断路器、母线高压电抗器，根据图 3－1，利用母线高压电抗器感性电流完成被试设备检测工作。

（2）ZJ 电厂 7521 断路器为后备保护断路器，并加载充电过电流保护，陪停设备为 ZJ 电厂 750kV Ⅰ母，被试设备为 7531 断路器、母线高压电抗器，根据图 3－1，利用母线高压电抗器感性电流完成被试设备检测工作。

测试工作完成后，根据系统电压投退母线高压电抗器。

6.1.2 遇到的问题

（1）该厂厂高变压器接在升压变压器低压侧，机组带主变压器零起升压将导致厂高变压器停电，导致失去厂用电，无法按常规步骤在机组并网前进行带主变压器零起升压，无法进行同期装置检查及电压互感器核相工作。

（2）厂用负荷小，倒送电过程无法组织负荷进行主变压器各侧电流互感器极性及继电保护差动电流测试工作。

（3）7520、7522 开关接连出现内部放电故障，导致新设备启动暂停，影响设备带电启动，且是同一厂家连续一个月连续两次出现故障。

（4）经短路电流直流分量校核，直流分量较大，重合闸需要特殊处理。

（5）1 号主变压器冷备用状态，1 号主变压器间隔 7510、7512 开关无故障跳闸，主变压器冷却器动力电源未送，主变压器冷却器故障保护动作 7510、7512 开关跳闸。

6.1.3 原因分析及处理措施

（1）将机组出口软引线打断，通过主变压器倒送电方式开展机组出口电压互感器核相。

（2）主变压器厂高变压器侧电流互感器极性无法测试，考虑在高压侧单开关投入后备保护带主变压器运行。

（3）经检查分析，该厂家同批次设备存在类似家族性缺陷，安排厂家及时对故障开关进行消缺更换处理。

（4）一是，对 YOUJI 线的线路重合闸采取投检有压措施，二是，评估重

合闸投检有压方式对发电机组的冲击影响，满足相关规定要求，三是，750kV ZIJI 线线路长度为 1.738km，线路较短，发生单瞬故障概率较低，且 XY 电厂重合闸功能投入后，在短线路上重合于永久故障，会对断路器造成一定损伤，因此 750kV ZIJI 线重合闸功能采取退出措施。

（5）按规定，主变压器冷备用状态下不应投入“主变压器冷却器故障”保护压板，新设备启动人员误投该保护造成继电保护误动。

6.1.4 经验启示及防范措施

（1）加强并网设备验收，运行单位把好基建期间设备验收关。

（2）并网前认真做好相关试验及一、二次接线检查工作，注意新（扩）建电流回路正确性，确保一、二次接线正确。

（3）设备出现故障后应立即排查同厂家同批次产品，避免发生家族性故障缺陷严重影响后续启动工作。

（4）认真按照相关规定要求，将主变压器保护压板退出，严格按照调度下发继电保护定值单执行。

（5）加强调管设备的管理，防止其他人员误操作和误碰设备。设备验收完毕后，应视为运行设备进行管理，若需在继电保护及其二次相关回路上工作，应严格安装相关规程规定核对一、二次设备状态，并按“两票三制”要求履行工作手续。

6.2 GH 电厂倒送电工程

6.2.1 操作步骤

750kV GH 电厂与±1100kV CHANGJI 换流站的主接线如图 6－2 所示，GH 电厂为新建电厂接入 CHANGJI 换流站。该接入工程涉及 GH 电厂、CHANGJI 换流站和两回线路。其中，GH 电厂升压站 750kV 设备均为新建设备，1～4 号机组为检修状态，与本次启动设备物理隔离，不在启动范围；CHANGJI 换流站 7541、7542、7543、7551、7552、7553 断路器为陪停设备，且 7542、7543

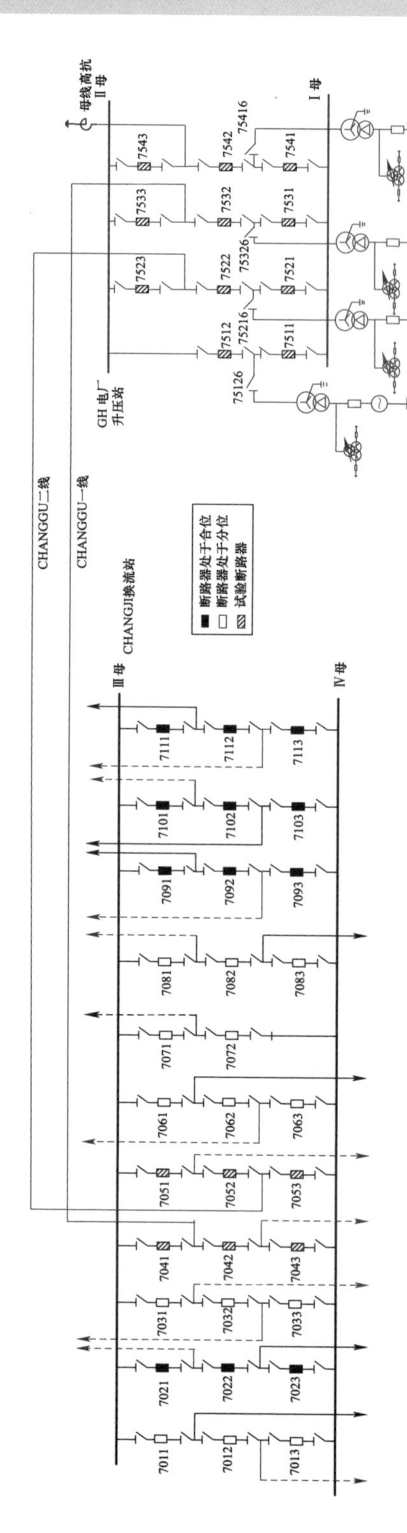

图 6-2 GH 电厂与 CHANGJI 换流站的主接线图

断路器之间和 7551、7552 断路器之间已经加装短引线保护。

新设备启动项目共有 3 个大项：① CHANGJI 换流站投切 750kV CHANGGU Ⅰ线、CHANGGU Ⅱ线；② GH 电厂升压站开关电流互感器极性及电压互感器相序校验；③ GH 电厂升压站恢复正常方式。

项目 1：CHANGJI 换流站投切 750kV CHANGGU Ⅰ线、Ⅱ线。

（1）CHANGJI 换流站 7052、7053 断路器为后备保护断路器，并加载充电过电流保护，无陪停设备，被试设备为 CHANGGU Ⅱ线，根据图 3－1，利用线路空载电流完成被试设备检测工作。

（2）CHANGJI 换流站 7041、7042 断路器分别作为后备保护断路器，并加载充电过电流保护，无陪停设备，被试设备为 CHANGGU Ⅰ线，根据图 3－1，利用线路空载电流完成被试设备检测工作。

项目 2：GH 电厂升压站开关电流互感器极性及电压互感器相序校验。

CHANGJI 换流站 7053 断路器为后备保护断路器，并加载充电过电流保护，无陪停设备，被试设备为 GH 电厂升压站 750kV 断路器、1～4 号主变压器、母线高压电抗器，根据图 3－1，利用线路空载电流、高压电抗器感性电流完成被试设备检测工作。

值得注意的是由于 GH 电厂新建断路器较多，需要按照一定的顺序进行。这里提供该工程投运时采取的步骤，主要测试过程如下所述。

（1）GH 电厂 7523 断路器合闸，对Ⅱ母充电，7533 断路器合闸，对 750kV CHANGGU Ⅰ线充电，完成 7533、7523 断路器相关测试工作。7523、7533 断路器分闸。

（2）GH 电厂依次对 7522、7521、7531、7532 断路器合闸，对 750kV CHANGGU Ⅰ线、2 号主变压器、3 号主变压器充电，完成 7522、7521、7531、7532 断路器相关测试工作，并将 7522、7521、7531、7532 断路器分闸。

（3）GH 电厂依次对 7523、7543 断路器合闸，对 750kV 高压电抗器充电，完成 7543 断路器、高压电抗器相关继电保护差动电流测试工作，并将 7543 断路器分闸。

（4）GH 电厂依次对 7512、7511、7541、7542 开关进行 750kV 1 号主变压器、4 号主变压器、母线高压电抗器充电，完成 7512、7511、7541、7542 断路器相关测试工作，并将 7512、7511、7541、7542 断路器分闸。

项目 3：GH 电厂升压站恢复正常方式。

750kV CHANGGUIGH Ⅰ线和 CHANGGU Ⅱ线恢复正常运行，CHANGJI 换流站陪停断路器均合闸，GH 电厂 750kV 断路器均合闸，GH 电厂恢复正常方式。

6.2.2 遇到的问题

（1）GH 电厂提供的设计蓝图中第一回、第二回出线所接间隔标识画反，与电厂实际接线不符。

（2）GH 电厂大唐侧的断路器在合闸操作指令下达后，没有执行。

（3）经短路电流直流分量校核，直流分量较大，重合闸需要特殊处理。

（4）GH 电厂倒送电工程在启动过程中，向调度汇报该厂已组织完成负荷进行电流互感器极性测试，实际并未开展该项工作，违反调度纪律，给电网带来安全隐患。

6.2.3 原因分析及处理措施

（1）设计单位与线路建设单位及电厂业主单位沟通协调不够充分、未深入开展现场勘察分析，导致 GH 电厂设计蓝图中第一回、第二回出线所接间隔标识画反，经过现场、设计单位多方确认后，根据工程主管单位向调度部门上报的更正后的设计蓝图，重新对相关场站下发命名编号解决相关问题。

（2）GH 电厂大唐侧的断路器不能执行合闸指令是由于测控装置的同期电压回路按照设计图纸接入 1、2 节点，此时同期节点选择方式每操作一次都要自动退出，在经过运行人员人工重新投上软压板后，此问题得到解决。

（3）CHANGGU 双线线路重合闸投检有压措施，延长重合闸投入时间。

（4）针对启动过程中的违反调度纪律情况，根据相关调度规程规定严格落实考核通报措施。

6.2.4 经验启示及防范措施

（1）针对由多家设计、建设单位共同承建的大型工程项目，业主单位应组

织各设计、建设单位在工程关键交接部分认真确认相关设备联接次序，设计单位对电气一、二次回路的设计要深入勘察分析，考虑现场实际情况，避免出现因设计蓝图接线出错，严重影响后续新设备启动工作开展的情况。

（2）运行单位应加强厂站值班人员培训管理工作，提高业务能力水平，严肃调度纪律，杜绝违反调度纪律事件发生。对于新设备启动过程中违反调度纪律行为，将严格依据规程规定进行考核通报。

6.3 YD 电厂倒送电工程

6.3.1 操作步骤

750kV YD 电厂与±1100kV CHANGJI 换流站主接线如图 6－3 所示，YD 电厂为新建电厂接入 CHANGJI 换流站。该接入工程涉及 YD 电厂、CHANGJI 换流站和两回线路。其中，YD 电厂升压站 750kV 设备均为新建设备，1～4 号机组为检修状态，与本次启动设备物理隔离，不在启动范围；CHANGJI 换流站 7562、7563、7571、7572 断路器为陪停设备。

新设备启动项目共有 3 个大项：① CHANGJI 换流站投切 750kV CHANGYA Ⅰ线、Ⅱ线；② YD 电厂升压站开关电流互感器极性及电压互感器相序校验；③ YD 电厂升压站恢复正常方式。

项目 1：CHANGJI 换流站投切 750kV CHANGYA Ⅰ线、Ⅱ线。

（1）CHANGJI 换流站 7062、7063 断路器为后备保护断路器，并加载充电过电流保护，无陪停设备，被试设备为 CHANGYA Ⅱ线，根据图 3－1，利用线路空载电流完成被试设备检测工作。

（2）CHANGJI 换流站 7071、7072 断路器为后备保护断路器，并加载充电过电流保护，无陪停设备，被试设备为 CHANGYA Ⅰ线，根据图 3－1，利用线路空载电流完成被试设备检测工作。

项目 2：YD 电厂升压站开关电流互感器极性及电压互感器相序校验。

CHANGJI 换流站 7071 断路器为后备保护断路器，并加载充电过电流保护，无陪停设备，被试设备为 YD 电厂升压站 750kV 断路器、1～4 号主变压器、

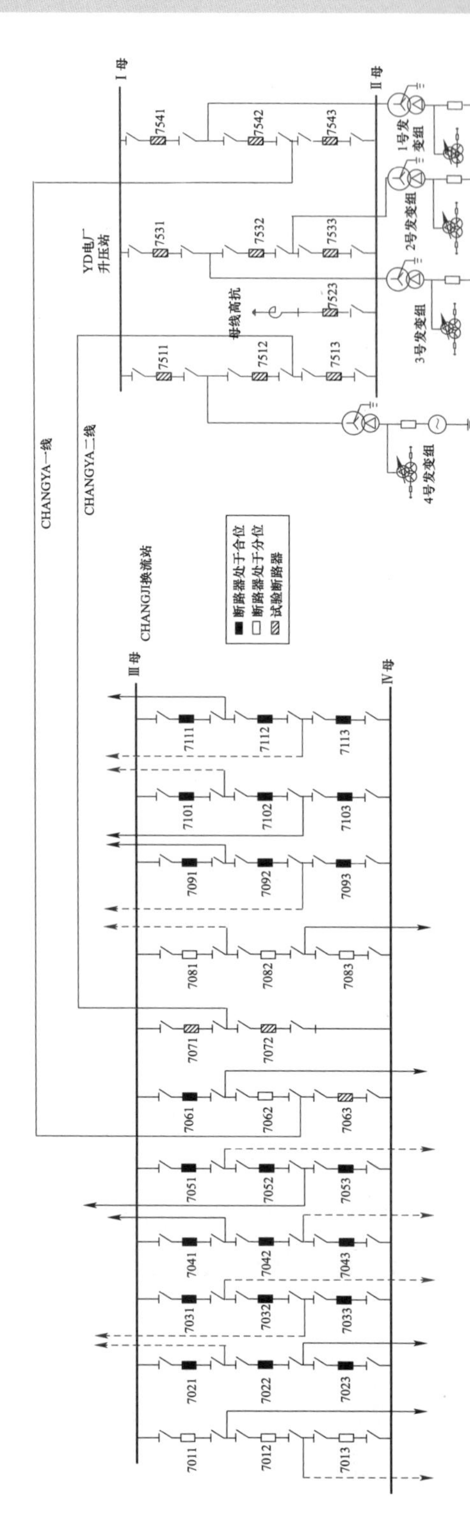

图 6-3　YD 电厂与 CHANGJI 换流站主接线图

母线高压电抗器，根据图 3－1，利用线路空载电流、高压电抗器感性电流完成被试设备检测工作。

值得注意的是由于 YD 电厂新建断路器较多，需要按照一定的顺序进行。这里提供该工程投运时采取的步骤，主要测试过程如下所述。

（1）GH 电厂 7513 断路器合闸，对Ⅱ母充电，7543 断路器合闸，对 750kV CHANGGU Ⅰ线充电，完成 7513、7543 断路器相关测试工作。7513、7543 断路器分闸。

（2）GH 电厂依次对 7513、7512、7511、7541、7542 断路器合闸，对 750kV CHANGGU Ⅰ线、1 号主变压器、4 号主变压器充电，完成 7513、7512、7511、7541、7542 断路器相关测试工作，并将 7513、7512、7511、7541、7542 断路器分闸。

（3）GH 电厂依次对 7513、7523 断路器合闸，对 750kV 高压电抗器充电，完成 7523 断路器、高压电抗器相关继电保护差动电流测试工作，并将 7523 断路器分闸。

（4）GH 电厂依次对 7512、7511、7531、7532、7533、7523 开关进行 750kV 2 号主变压器、3 号主变压器、母线高压电抗器充电，完成 7512、7511、7531、7532、7533、7523 断路器相关测试工作，并将 7512、7511、7531、7532、7533、7523 断路器分闸。

项目 3：YD 电厂升压站恢复正常方式。

750kV CHANGGUIGH Ⅰ线和 CHANGGU Ⅱ线恢复正常运行，CHANGJI 换流站陪停断路器均合闸，GH 电厂 750kV 断路器均合闸，GH 电厂恢复正常方式。

6.3.2 遇到的问题

（1）YD 电厂提供的设计蓝图中第一回、第二回出线所接间隔标识画反，与电厂实际接线不符。

（2）该厂 2 号厂用变压器在启动过程中跳闸。

（3）经短路电流直流分量校核，直流分量较大，重合闸需要特殊处理。

6.3.3 原因分析及处理措施

（1）设计单位与线路建设单位及电厂业主单位充分沟通协调不够充分、未深入开展现场勘察分析，导致 YD 电厂设计蓝图中第一回、第二回出线所接间隔标识画反，经过现场、设计单位多方确认后，根据工程主管单位向调度部门上报的更正后设计蓝图，重新对相关场站下发命名编号解决相关问题。

（2）经分析，该厂 2 号厂用变压器在启动过程中跳闸原因为在带负荷测相量时，测试人员用表笔误将电流回路的 A 相与 B 相短接所致，经过重新投入后，测试人员对该回路重新测量后，二次回路接线正确。

（3）CHANGYA 双线线路重合闸投检有压措施，延长重合闸投入时间。

6.3.4 经验启示及防范措施

（1）针对由多家设计、建设单位共同承建的大型工程项目，业主单位应组织各设计、建设单位在工程关键交接部分认真确认相关设备联接次序，设计单位对电气一、二次回路的设计要深入勘察分析考虑现场实际情况，避免出现因设计蓝图接线出错严重影响后续新设备启动工作开展的情况。

（2）新设备启动人员在测试电流二次回路时，应严格按照相关规程规范操作，避免人为因素误碰、误动引起设备跳闸。

6.4 HL 电厂改接与 JM 电厂接入 CHANGJI 换流站输电工程

6.4.1 操作步骤

750kV HL 电厂改接与 JM 电厂接入 CHANGJI 换流站输电工程主接线如图 6-4 所示，该工程涉及 WCW 变电站、CHANGJI 换流站、HL 电厂和与 JM 电厂。其中 HL 电厂与 WCW 变电站双回线路改接，一回线接入 CHANGJI 换流站形成 CHANGLIAN 线，一回线破口接入 JM 电厂，形成 CHANGMAM 线和 MANLIAN 线。WCW 变电站 7512、7522、7520 断路器为陪停设备，线路改接后，可自行送电，不在本书介绍范围；CHANGJI 换流站 7101、7102、7112、

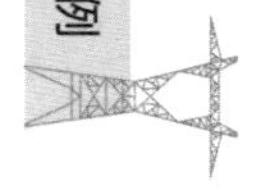

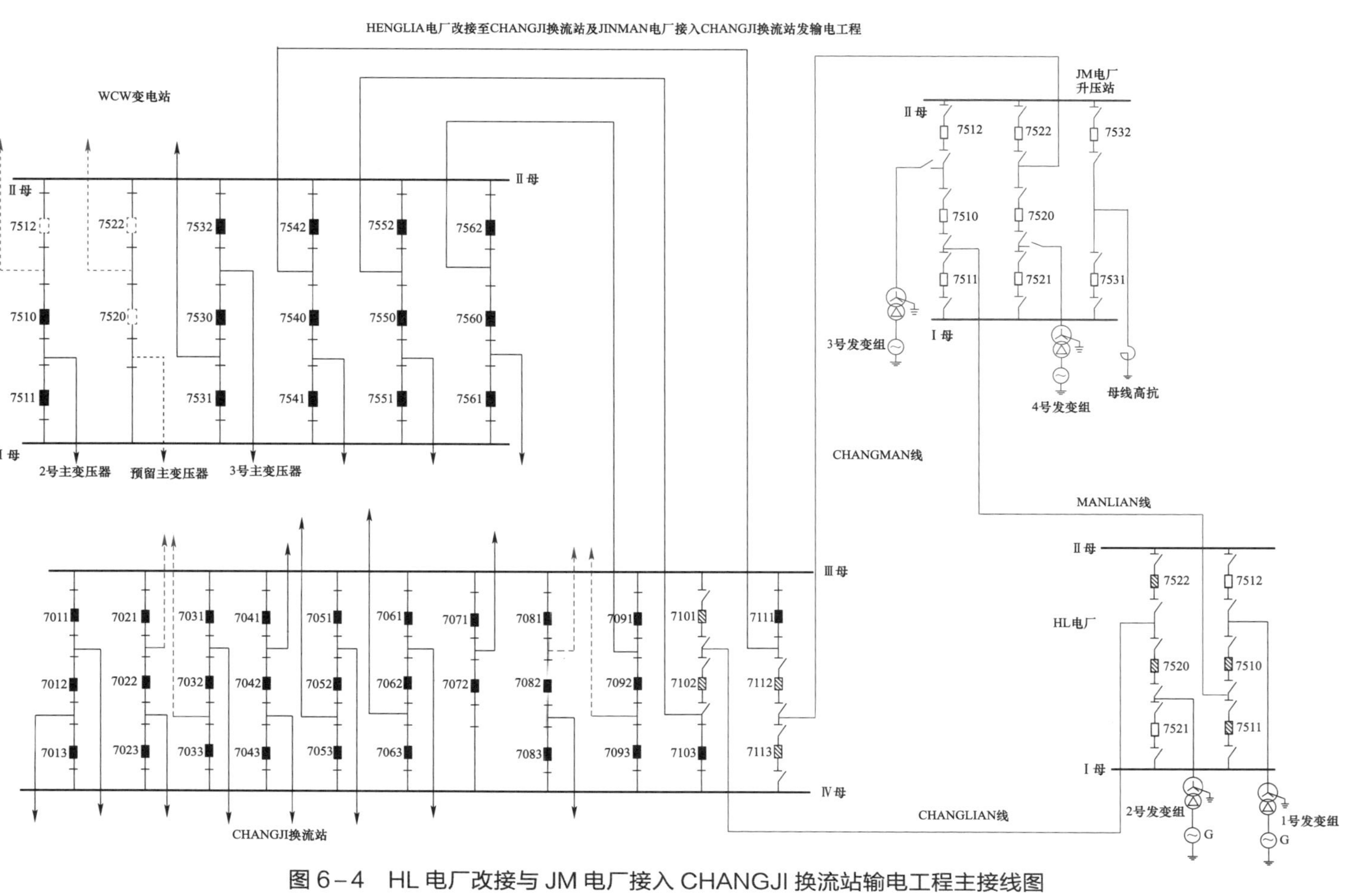

图 6-4　HL 电厂改接与 JM 电厂接入 CHANGJI 换流站输电工程主接线图

7113 断路器为陪停设备；HL 电厂 7522、7520、7510、7511 断路器，1 号机组、2 号机组为陪停设备，本期启动不涉及 1、2 号机组，本期调试项目结束后，电厂可自行申请启动，在此不再赘述；JM 电厂升压站 750kV 断路器、高压电抗器，1 号机组、2 号机组为陪停设备，本期启动不涉及 1 号机组、2 号机组，本期调试项目结束后，电厂可自行申请启动。

新设备启动项目共有 4 个大项：① CHANGJI 换流站投切 750kV CHANGLIAN 线；② JM 电厂升压站新建设备测试试验；③ CHANGJI 换流站投切 750kV CHANGMAN 线；④ 是解合环合环试验。

项目 1：CHANGJI 换流站投切 750kV CHANGLIAN 线。

CHANGJI 换流站 7101、7102 断路器为后备保护断路器，并加载充电过电流保护，无陪停设备，被试设备为 CHANGLIAN 线，根据图 3－1，利用线路空载电流完成被试设备检测工作。

完成测试后，750kV CHANGLIAN 线恢复正常运行。HL 电厂 2 号机组通过 7520 断路器合环运行，并通过 7521、7522 断路器对Ⅰ母、Ⅱ母充电。

项目 2：JM 电厂升压站新建设备测试试验。

HL 电厂站 7511 断路器为后备保护断路器，并加载充电过电流保护，无陪停设备，被试设备为 MANLIAN 线、JM 电厂升压站 750kV 断路器、母线高压电抗器，根据图 3－1，利用线路空载电流、母线高压电抗器感性电流完成被试设备检测工作。

值得注意的是由于 JM 电厂新建断路器较多，需要按照一定的顺序进行。这里提供该工程投运时采取的步骤，主要测试过程如下所述。

（1）JM 电厂 7511 断路器合闸，对Ⅰ母充电，7531 断路器合闸，对 750kV 母线高压电抗器线充电，完成 7511、7531 断路器相关测试工作。测试工作完成后，7531 断路器分闸。

（2）JM 电厂 7521、7520 断路器合闸，对 750kV CHANGMAN 线充电，并进行 7521、7520 断路器相关测试工作。测试工作完成后，7520、7521、7511 断路器依次分闸。

（3）JM 电厂 7510、7512 断路器合闸，对 750kVⅡ母充电，7532 断路器合闸，对 750kV1 号高压电抗器充电，并进行 7532、7512、7510 断路器、750kV

1 号高压电抗器相关测试工作。测试工作完成后，7532 断路器分闸。

（4）JM 电厂 7522 断路器合闸，对 750kV CHANGMAN 线充电，并进行 7522 断路器相关测试工作。测试工作完成后，7522 断路器分闸。JM 电厂升压站 750kV 断路器、母线高压电抗器均完成测试工作。

项目 3：CHANGJI 换流站投切 750kV CHANGMAN 线。

CHANGJI 换流站 7112、7113 断路器为后备保护断路器，并加载充电过电流保护，无陪停设备，被试设备为 CHANGMAN 线，根据图 3－1，利用线路空载电流完成被试设备检测工作。

项目 4：解合环合环试验。

750kV CHANGMAN 线恢复正常运行，CHANGJI 换流站陪停断路器均合闸；HL 电厂 750kV 断路器均合闸，HL 电厂恢复正常方式；JM 电厂升压站 750kV 断路器均合闸，JM 电厂恢复正常方式。

6.4.2　遇到的问题

CHANGJI 换流站对 750kV CHANGLIAN 线充电后，进行 7101 断路器电流互感器极性及相关继电保护差动电流测试工作时，发现电流互感器极性测不出。

6.4.3　原因分析及处理措施

经现场反馈情况后，计算人员根据以往工程投运经验结合计算结论，对计算结论没有疑问，问题在于现场测试人员所用表计精度较低，用精度较高的表计进行测试后，结果正常。

6.4.4　经验启示及防范措施

建议新设备启动时，调试单位对所用相关测试设备进行检查，发现精度较低时提前准备好更高级别的测试设备，避免出现因测试设备原因影响新设备启动工作进行。

编 后 记

本书对 2015 年以来西北电网各种基建工程的启动工作进行了全面梳理总结，新设备启动工作作为基建项目移交生产运行的最后一个环节，无论对建设部门还是生产部门，意义都十分重大，基建部门通过新设备启动后可以结束工程的建设，实现竣工投产的夙愿；生产部门通过新设备启动后，实现补强网架扩大输送能力的愿望。

本书展示的新设备启动案例包括了近年的各种新建、改建、扩建等案例，从电压等级上看包括了特高压直流、750kV 交流等电压等级，每个工程的新设备启动工作基本都检验了电气领域各个方向的问题，包括对一次设备的冲击考核，对二次设备接线是否正确的校核，对电力系统过电压水平的测试，对监控自动化系统显示信号的验证，对电磁环境及电磁干扰的检验等。其中绝大部分问题还是出现在一次设备领域以及二次回路领域。

本书通过对西北电网近年的发输变电工程案例的汇编，可以指导后续电网基建工程的启动投产工作，为新设备启动工作相关经验和技术应用整合起到了推广作用，为相关工作人员提供了一个可借鉴参考的平台。